Grooming of
Miniature Schnauzer

ミニチュア・シュナウザーのグルーミング

小林　敏夫　著

マニュアル発行にあたって

長い間、この犬種と向き合ってきました。今思えばトリミング方法も確立されておらず、従ってマニュアルなどない時代でした。私がこの犬種に出会った時、そのシャープな姿に見とれてしまい、以来、私の中で「どのようにこの犬種をシャープに形づくるか」ということばかりが日常から離れなくなり、自己の感性と表現との戦いを余儀なくされてきました。

今回このマニュアルを編むにあたって、妥協することなく、長い間の経験と理論の全てを分かりやすく表現する、などを基本に編集を進めることをスタッフと話し合いました。本書は『小林バージョン』であり、読まれるグルーマーがこれをどのように受け止めるかは自由ですが、この中には「たったこんなこと」と思われるようなことであっても、私には何ヶ月もかかって理解し得た部分が数多くあったことを記しておきます。見て聞いてしまえばそれだけのことかもしれませんが、それに気付き、形にしていくことは大変な苦労でもありました。

この本の発行にあたり、当初は日本におけるミニチュア・シュナウザーの歴史やドッグ・ショーなどでの名犬たち、さらにグッド・プロデューサーなどもまとめるつもりでいましたが、最終的に終始“トリミング・マニュアル”にこだわる形になりましたのは、この犬種を扱うグルーマーたちが、さらに次のマニュアルを発行するための起爆剤になればと思ったからです。

イラストにおいても、できる限りスタンダードに基づいて作成しました。そのために最も長い時間を費やしてしまいました。何度も何度も修正をし、正確を求めましたが、とくに骨格図は骨同士が重なってしまうパーツがあり、大変難しい作業でした。理解しやすさを優先して描いたことで、少々無理が生じてしまった部分があることをご理解いただければ幸いです。

ミニチュア・シュナウザーのトリミング・スタイルは、三角形と長方形との微妙な構成からつくられています。それぞれの形を組み合わせ、立体像をつくり、角落としを行っていきます。イラストでその立体像を説明するつもりでいましたが、紙面上ではどのようにしても描ききれませんでした。その点で技術不足であり、読者には大変申し訳なく思っています。

三角形と長方形を正しく配置した時、正確な均整がつくられて、シャープな美しい造形が表現されます。感性は最大限に発揮され、心は少し疲れますが、喜びが体いっぱいに広がります。それは指先に伝達され、自然にシザーが作業をします。

私のトリミングの基本は、“点を重ねて線をつくる。線を重ねて面をつくる”という姿勢です。ですから、点が切れなければ線は切れないのです。

この犬種をシャープにつくり上げるためには、まず、点を切れる技術を持つことなのです。ミニチュア・シュナウザーは三角形と長方形の面の微妙な組み合わせによって、その最も大切なシャープさの表現が構成されています。犬体のそれぞれトリミングされる部分は、ジグソー・パズルのように正確に、その大きさ・形を当てはめてバランスをつくります。そして、面は数多くの線で構成されます。すなわち、多くの線が結ばれてできている一枚のまきすのようなもので、丸めるとその形は円柱になり、広げると一枚の面になります。円柱が一枚の紙のような面で構成されるとしたら、シャープさの欠けたただの円柱になってしまいます。従って、ミニチュア・シュナウザーの肢の表現は、線を重ねることで少しでもシャープさを表現しようとしています。そのために「線の表現」は大切な要素であるはずです。カットされた肢の形も円柱でなく楕円柱であり、シャープさを表現する工夫がなされています。解説の中で、それらをパートごとに分類して説明してありますので、理解していただければと思います。そのため、このマニュアルはそれぞれのパートの説明にこだわり、少々長い解説になってしまいました。

トリミングには、どうしても技術者の感性的な部分があります。しかし、それを言葉で表現しなければ読者には理解ができませんので、言葉表現は大変な苦労でもありました。犬質の向上と共に、幾度もトリミング技法の修正をしながら、自分の求めるミニチュア・シュナウザー像を模索し、ここまで来ました。しかし、私にとって現時点はプロセスであり、ミニチュア・シュナウザーへの探究は終焉のない戦いなのかもしれません。そして、私は、深みのあるグルーマーになるために、また努力を重ねたいと思います。

このマニュアル作成にあたり、スタッフの多大な協力がありました。最後になりましたが、神宮和晃、反町陽子、花形民子、島田千秋の諸氏に心から感謝を申し上げます。

平成17年５月　小林敏夫

目　次

発刊にあたって　・・・・・・・・　02

被毛について　・・・・・・・・　05

　なぜストリッピングが必要なのか　・・・・・・・・　06

ミニチュア・シュナウザーのスタンダード　・・・・・・・・　13

　ミニチュア・シュナウザーのスタンダード　・・・・・・・・　14

　骨格について　・・・・・・・・　17

実践ストリッピング　・・・・・・・・　33

　用具の解説　・・・・・・・・　34

　ナイフの握り方　・・・・・・・・　36

　ナイフの使い方　・・・・・・・・　38

　ステージング　・・・・・・・・　40

シャンプー〜ブロー　・・・・・・・・　46

　シャンピング　・・・・・・・・　46

　ブローイング　・・・・・・・・　14

クリッピング　・・・・・・・・　61

ナイフ　・・・・・・・・　72

　ナイフ（1）アンダー・コート　・・・・・・・・　73

　ナイフ（2）アウター・コート　・・・・・・・・　79

　ブレンディング　・・・・・・・・　14

カット　・・・・・・・・　89

タイプよるイマジナリー・ラインの設定ととらえ方　・・・・・・・・　116

断尾と断耳　・・・・・・・・　120

テリア用語　・・・・・・・・　123

写　　真／小野　智光

デザイン／アサンテ

Grooming of
Miniature Schnauzer

被毛について

ミニチュア・シュナウザーのスタンダード

被毛について

なぜストリッピングが必要なのか

多くの犬種は、主毛（オーバー・コート）と副毛（アンダー・コート）とで成る二重毛でつくられています。それぞれ外敵から身を守ったり、体温を保持するなどの目的を持って存在するのですが、例外として主毛のみを持つ犬種もあります。近年、この被毛に環境などによる変化が現れているようにも思います。

被毛の流れ、すなわち「毛流」には、２つの方向があることに気付きます。空気などの抵抗に対する後方への流れと、水などの抵抗に対する下方への流れです。しかし、犬体の部位によっては、この法則を無視した部分が存在しています。

喉の両サイドとサイド・ネックとが合流する部分では毛流は逆になり、波と波がぶつかり合ったような脈を形成します。腋下《えきか》には、被毛が円形に流れる部分を持ち、前胸部と座骨結節には、渦を持ちます。これらのことに関して、画家であり動物学者でもあるアーネット・トンプソン・シートンは、『シートン動物解剖図』（マール社刊）という書物の中で、非常に注目すべきことを述べています。

――水中生活していた哺乳類の初期の先祖はエラで呼吸をしていたが、地上で生活をするようになるにつれエラ呼吸を止め、現在我々が肺と呼んでいる精巧な空気の袋を使って呼吸するようになった。しかしよく知られているように、生物の体には保守的な所があるため、首の両側のエラの裂け目はその後も長く残り、それに沿って静脈も蛇行して流れた。これは哺乳類の胎児にその痕跡を見ることができるが、やがて裂け目が完全にふさがった後もその周囲の毛の流れには乱れが残ることになった。また、今ではなくなった裂け目を避けるかのように血管が不必要に蛇行して走ることも、決して珍しいことではない。――

また、次のようにも述べています。

――骨が骨形成点からつくられるように、皮膚は皮膚形成点からつくられている。この形成点では、皮膚の最下層の部分が最初にできるが、そこに根元（毛球）がある。また、その上層の微細な組織は、形成点から押し上がっていって離れようとする性質を持っている。従って、根元が最下層に固定された状態で上層の組織を貫いて伸びる毛は、当然形成点から遠ざかる方向に広がって生える傾向を持つことになる。毛が集まって線のように見えるうねは、この広がりの中心から自然に生まれるもので、２つのそれぞれ独自に形成される皮膚が出会うところであり、「皮膚の構造から生まれるすじ」とも呼ばれている。――

いずれにしても、グルーマーにとってそれらの部分は、クリッピング、ブレンディング、カッティングなどを施すパーツであり、その毛流にはいつも泣かされるところであると思います。前肢の裏側、後肢の内側にも同様に逆の被毛が生えています。

（1） 被毛の成り立ち

被毛は皮膚の一部が変化したものといわれていますが、胎子の時につくられた皮膚が陥没して「毛のう」がつくられ、毛母で細胞分裂が行われ、被毛に成長していきます。表皮より現われている部分を「毛幹」、皮下の部分を「毛根」といい、いずれも硬タンパク質ケラチンからできています。

タンパク質とはアミノ酸が結合した化合物ですが、アミノ酸は20種以上もあり、被毛を形成するタンパク質はそのほとんどを含んでいるといわれています。特に「シスチン」という硫黄を含むアミノ酸が多いのが特徴です。被毛はタンパク質分子が結合されてつくられており、そのタンパク質分子を構成する物質がアミノ酸なのです。

アミノ酸は必ず「カルボキシル基（COOH）」、「アミノ基（NH2）」という２本の触手を持っています。この２本の触手は互いにつながって「ペプチド結合」をつくり、鎖のように長く連鎖します。このように長く連鎖したものを「ポリペプチド結合」と呼んでいます。横に長く並んだポリペプチド分子の間はシスチン結合、塩結合、水素結合、ペプチド結合という4種の結合で結ばれています。そして、１本のポリペプチド鎖が寄り集まって太いロープをつくり、皮質を構成しています。

それぞれ４種の結合は、ポリペプチド分子鎖の横の結合を意味します。「シスチン結合」はS－Sが結合します。非常に強い結合で、犬の被毛を脱色する場合などに使用される還元剤によって切れますが、その後に酸化剤を使用すると再結合します。「塩結合」はNH3-OOCの結合で、これはプラスイオン（NH3）とマイナスイオン（OOC）の電気結合です。強い酸やアルカリによって切れますが、pHが変化すると再結合します。「水素結合」とは、O-H、すなわち水素と酸素の結合のことです。両者の互いに引き合う力で結合します。被毛を濡らすと切れ、熱を加えると再結合します。被毛は濡らすと長く直毛になることに気付いているでしょう。それが、この結合によるものなのです。ですから、せっかく美しくブロー仕上げした被毛も、湿気を持つとまた元に戻ってしまうのです。「ペプチド結合」はCO-HNの結合で、ポリペプチド結合といわれる縦の結合と同じものが横方向にもわずかですがあり、これが非常に強い結合なのです。グルーマーは犬体をシャンプー、ブローする時、このような被毛結合に気を配ることも忘れてはならないでしょう。

被毛は「表皮」、「皮質」、「髄質」の３層からなることはすでに理解しているでしょう。

表皮は、魚鱗《ぎょりん》のように細胞が幾重にも重なった構造をしています。その一枚一枚の細胞を「スケール」といいます。スケールの並び方には決まりがあって、被毛の先端に向かって重なっています。表皮は皮質を守る役割をしています。シャンプー剤などによって受ける刺激に抵抗して、弱い皮質を守ります。一方で、鱗状をしているためにはがれやすく、無理な力が加わると傷ついてしまい、透明な表皮の美しいつやが失われます。

被毛の硬毛は太く、軟毛は細いものですが、このスケールの重なる数も異なるといわれ、硬毛は多く、軟毛は少ないのです。そのため、表皮の厚さにも違いが見られます。

皮質は被毛のほとんどを占める部分で、全体の90%に近いといわれます。紡錘《ぼうすい》形の角化した細胞で、被毛の長軸に並んで繊維状の組織を形成しています。そのため、被毛は縦に裂けやすい性質を持っています。

表皮のスケールがはがれた部分は、ロープ状に編まれた皮質がほぐれやすくなり、裂毛や枝毛を発生させます。しかし、繊維状の組織でつくられているため、構造上、弾力性と柔軟性を持っています。折り曲げられたりすると弱く、ラッピングを外した被毛がすぐに元に戻らないのもこのためです。

シャンプー時には過度な力を加えたり、被毛を引っ張りながら洗うことは極力避けなくてはいけません。表皮と皮質の力への抵抗の違いから、表皮に断裂が起こります。被毛が濡れると水素結合が切れ、皮質は伸びますが、表皮はそれほど伸びません。従ってその両者に力を加えた時、互いの形に変化が起こり、表皮は皮質の伸展に付いていけずに断裂してしまうことになります。このため、シャンプー時だけでなく、タウェリングの際も同様に作業することは感心できません。

毛色も、皮質の中に含まれるメラニン色素によって決定されます。メラニンは毛根下部の「メラノサイト」と呼ばれる細胞で合成され、皮質に顆粒《かりゅう》状に存在します。この機能によって表現される毛色の濃淡があり、ブリーチなどをすると薬剤によってメラニンが分解され、毛色は淡くなるのです。

髄質は主毛の中心にあることが基本ですが、形態は一律ではないといわれています。被毛の形状は、遺伝因子により毛孔形状が決定され、毛孔を通過する際に被毛形状が決定されます。一般的に直毛はその中心に髄質が置かれ、波状毛などは髄質が左右に迷走するために起こるといわれています。役割や性質などもはっきりしていません。

（2）毛の分類

犬の毛は「触毛」と「被毛」に分類されます。

a. 触毛（洞毛《どうもう》とも言う）

触毛は本来触覚器官として働きますが、現在の犬においては退化して劣っています。口吻部、口角後方、下顎、眉などに発生し、三叉《さんさ》神経が作用し神経的に反応した時に動かしますが、探知能力は他の動物に比べ低下しています。毛色がよく発達し、その下部には血管洞があるため、引き抜くと出血を伴うことがあります。毛根部は太く、直径0.5mmくらいに達するものもあります。

b. 被毛

犬体全体を覆っている毛を言います（足底、肛門、鼻などを除く）。出生時の毳毛《ぜいもう》から成長過程において終毛へと変化し、毛色も変化し成長をします。

（3） 毛の構造と周期

被毛は、毛根の底部に「毛球」があります。毛球部の内側の「毛母」といわれる部分が細胞分裂し増えることによって伸びていきますが、この時点で被毛は３層に分化します。「毛随質」、「毛皮質」、「毛小皮」がそれです。＜図１＞

しかし、下毛は毛髄質を持たないといわれています。

この中で、毛皮質は色素を表す層で、多くのメラニン色素を含みます。

皮膚表面は鱗状の皮膚紋を形成し、進化の過程の名残りといわれています。その鱗の皮溝部《ひこうぶ》に毛孔があり、３つの毛束が発生して１群を形成します。すなわち、１群３毛束でつくられていると言えます＜図２＞。真中の毛束の主毛を「中央毛」、左右の毛束の主毛を「側毛」といい、それぞれ周囲には副毛が発生しています。中央毛が最も長くしっかりとした主毛です。

被毛は、周期を持って脱毛と発毛を繰り返しています。成長期→移行期→休止期がそれです＜図３＞。長毛種は

図1・被毛の断面

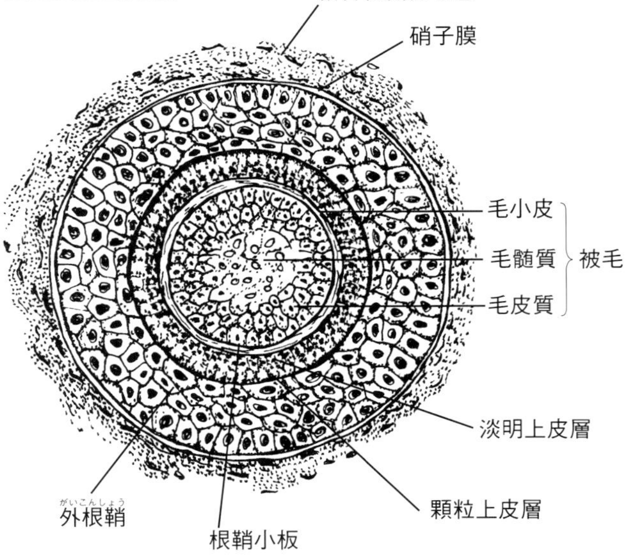

短毛種に比べ成長期が長いといわれますが、犬種や環境などによっても異なり、脱毛から新毛発生までの期間は４～５週間くらいといわれています。しかし、全被毛がこの周期にあるのではなく、一定の比率で残存し、一年中抜け変わっているのです。

季節的な換毛期外で休止期にある被毛は、全被毛の

図2・皮膚と被毛

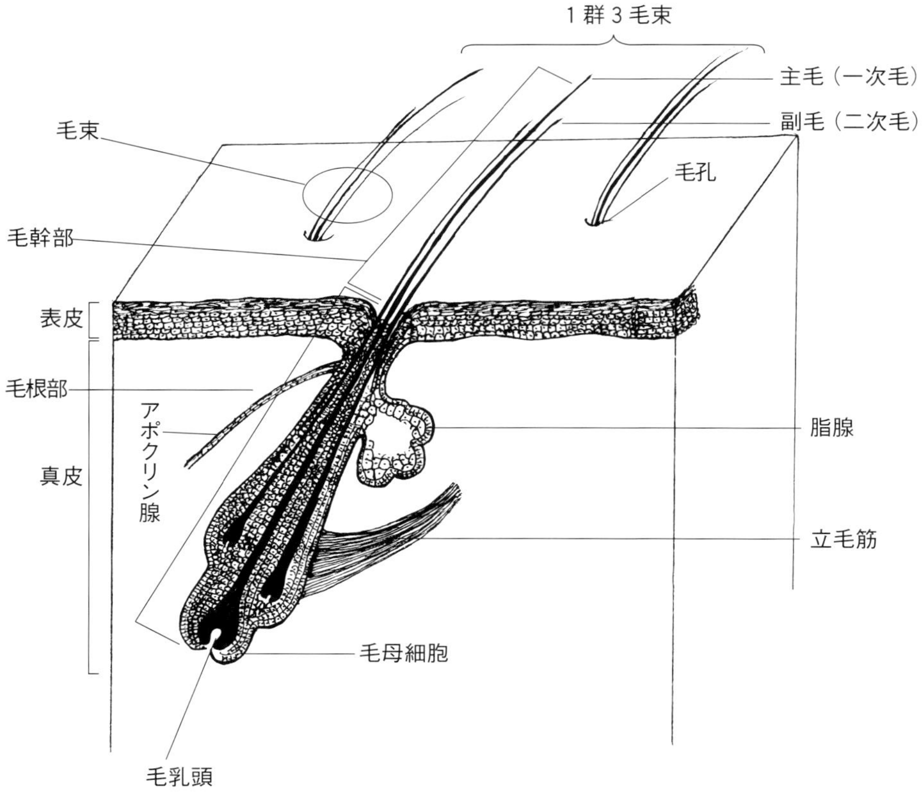

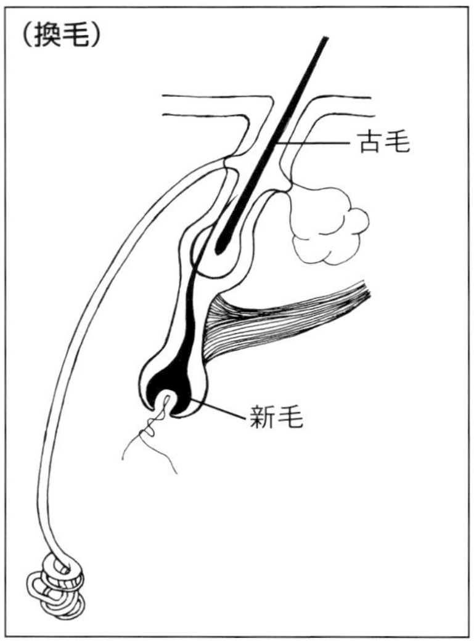

５％くらいともいわれ、休止期以外の状態の被毛は、カットされると毛皮質に刺激が加わり、元の長さに伸び始めるといわれます。

そこで、「なぜシュナウザーは被毛をストリップするのか」という疑問にぶつかります。

他の多くのテリア種などと同じように、この犬種のコートは粗剛毛《そごうもう》でつくられています。このようなコートを持つ犬種は季節換毛を行わないため、人工的換毛を施すことによって被毛の新旧入れ換えを行う必要があります。成長期にある被毛を抜き去ると毛包が傷付きますが、生きものの体はそれを修復しようと毛細血管を活性化し、栄養素や酸素を運搬します。このため、毛乳頭における発芽作用が活発化し、二次胚の発生を早め、太く色素のある被毛をつくり出していくのです。

毛穴を山に例えるなら、活火山、休火山、死火山があるように、全ての毛穴が活性しているのではありません。ストリッピングをすることにより、活動を停止している死火山に周囲の活火山が刺激を与えて活動が促され、被毛の発生を行います。こうして被毛はその量を増やし、色素細胞の生産も増え、毛色も変化するのです。

（４）毛色について

毛色について少し述べておきます。スタンダードに述べられているように（P19）、ミニチュア・シュナウザーの毛色は３色です（現在、FCIではホワイトを公認し４色）。

一般的な“ソルト＆ペッパー”では、灰色がかった塩と胡椒色で、どちらかで単一色のものもあります。眉、頬、喉、頬の下、胸骨端《きょうこつたん》より下の胸の部分、尾の裏、肛門周囲、下腹部、四肢が淡い灰色、またはシルバー・ホワイト、またはホワイトで、ボディや喉と胸骨端より下の胸の部分との間に、これらの毛色があってはならないとされています。塩と胡椒色でつくり出される縞模様は、粗剛毛の場合にのみ明確になります。たとえば、これらの部分がクリッピングされた場合には縞模様にはならず、被毛全体に塩と胡椒色の２つの毛色が混合されたよ

図3・被毛の周期

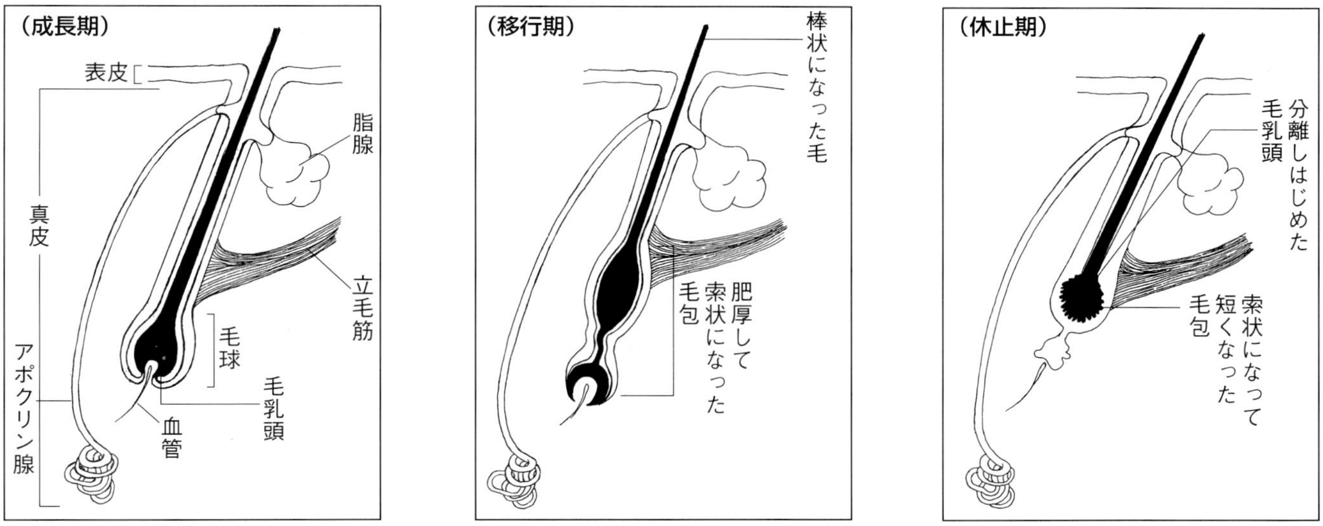

皮膚の毛乳頭細胞
有糸分裂
↓
毛の産生
↓
毛の成育

毛球の収縮
毛は棒状
毛包→肥厚《ひこう》し索状
毛を外側に押し出す

毛乳頭→分離

次の胚芽の形成
↓
索状毛包は短くなる

うな薄い毛色を表します。ストリッピングされた被毛を抜くと、毛先は黒く、根元にいくに従って淡い灰色に変化していることに気付きます。毛先が白色に近づくにつれて毛色は明るくなり、本来のソルト＆ペッパーからは遠のきます。また、被毛の長短によっても微妙に毛色に変化が現れてきます。アンダー・コートは、ホワイトに近い白から薄いグレー色までさまざまで、プラッキングされた場合にも毛色に変化はなく剛毛にもなりません。

“ブラック＆シルバー”では模様はソルト＆ペッパーと同じですが、ソルト＆ペッパーの部分が全てブラックでなければならず、変色や他の毛色の混入は許されません。アンダー・コートもブラックになります。

単一色の“ブラック”は、アウター・コートはジェットブラックといわれる光沢のあるブラックを理想とします。アンダー・コートはやや薄いブラックを持ちます。ただし、ボディのどこかに混入している一本のホワイトの被毛や胸の小白斑《しょうはくはん》は許されています。

ここで、ミニチュア・シュナウザーの毛色の表れ方、及び、ブリーディングにおける毛色の遺伝的な性質について述べておきます。

犬の被毛の色は11の遺伝子の組合せによって決定するといわれ、ミニチュア・シュナウザーは、そのうち10の遺伝子を共有するといわれています。それらの遺伝子は大きく４つのカテゴリーに分類されています。

１つ目は、全ての色の基本物質であるメラニンをコントロールするもので、「フルカラー対立遺伝子」がその犬体の毛色に必要なメラニンを生成し、他の毛色を表す遺伝子が、表示すべき毛色を表すことを可能にします。しかし、「アルビノ対立遺伝子」はメラニンを生成できないので、これを持つ犬はアルビノを表すことになります（白色種は、このアルビノ対立遺伝子によって白くなったものではない)。「中間対立遺伝子」も存在し、これらはフルカラーとアルビノとの中間の毛色を表します。

２つ目は、黒のメラニン色素を明るい色に変化させる対立遺伝子で、ブラックやホワイトの色合いを決定します。

３つ目は、色を変化させる遺伝子で、メラニンを黒または茶にします。メラニンの色の強弱、灰色か普通の色か、そして、希釈の遺伝子などを決定します。

４つ目は、ミニチュア・シュナウザーの毛色には関わりません。

ミニチュア・シュナウザーにおいて、これらはアウター・コートのみに出現し、アウター・コートとアンダー・コートは必ずしも同色ではありません。従って、両者は同じ遺伝子のコントロール下には置かれていないことが理解できます。

ミニチュア・シュナウザーの毛色を遺伝的性質から言えば、ブラックの遺伝子は、ソルト＆ペッパーとブラック＆シルバーの遺伝子よりも優勢、ソルト＆ペッパーの遺伝子はブラック＆シルバーの遺伝子より優性です。これらの３色の遺伝子をＢ（ブラック)、Ｓ（ソルト＆ペッパー)、ｂ（ブラック＆シルバー）と略号で示します。

この表示に従って少し毛色の組合せを述べたいと思いますが、その前に、遺伝子の説明を簡単にしておきたいと思います。

新しい個体は、両親からそれぞれ１つの遺伝子を受け取り、ペアをつくります。このようにペアを構成された遺伝子を「対立遺伝子」と呼びます。対立遺伝子はいくつかの形態を表し、それぞれに独特な結果をもたらします。

個体が全く同じ形態を示す結果を持つ対立遺伝子のペアは「ホモ接合」と呼ばれ、異なった結果を持つ対立遺伝子のペアは「ヘテロ接合」と呼ばれています。ヘテロ接合の遺伝子のペアのうち、１つの遺伝子がもう一方の遺伝子をカバーする場合に、前者を「優性」、後者を「劣性」と呼んでいます。遺伝学では優性の遺伝子の略号を前に、劣性の遺伝子の略号を後に表示していることはご存じだと思いますが、ときに優性の遺伝子が劣性の遺伝子をカバーできずに不完全な状態になることがあります。この場合、ヘテロ接合体はその中間の形態をとることになります。新しい個体は常に両親から50%ずつ遺伝子を受け継ぎ、次の世代の個体はその50%の遺伝子が失われ、新しい50%の遺伝子が加わり受け継がれていきます。

しかし、ミニチュア・シュナウザーの毛色遺伝において、我々は「表現型」として表れている毛色しか判断ができません。隠されている劣性の部分が何であるかは分からないのです。たとえば、ブラックを見て、その遺伝子の組合せを判断することは非常に難しいのです。優劣

子の組合せを判断することは非常に難しいのです。優劣の法則からすると、優性順位はブラック＞ソルト＆ペッパー＞ブラック＆シルバーですから、ブラックの毛色を持った犬の遺伝子の組合せにも３通りがあるからです。

両親ともブラックであればBB、片方の親がソルト＆ペッパーであればBS、同様にブラック＆シルバーであればBbとなり、これらは全てブラックの毛色を持つことになります。この場合、BBはホモ、BS、Bbはヘテロ接合になります。

ソルト＆ペッパーの色の組合せは、両親ともソルト＆ペッパーであればSS、片方の親がブラックであればBS、ブラック＆シルバーであればSbとなり、表現型はブラックとソルト＆ペッパーが２となり、ソルト＆ペッパー色には２通りの遺伝子の組合せがあることが分かります。従って、ブラック＆シルバーの毛色を得るためにはbbの組合せ１通りしかないことが分かります。

また、ソルト＆ペッパーやブラック＆シルバーの犬体が、鼻孔部に時々白い毛色を持つ場合があります。これらは劣性の遺伝子が優性を保てず、引き起こされるといわれています。それゆえ、これを持つソルト＆ペッパーはヘテロ接合の遺伝子を持ち、ブラック＆シルバーになり得る劣性遺伝を持っているため、ホモ接合のソルト＆ペッパーと明らかに区別ができるのです。

ミスカラーといわれるものも同様で、全てブラックの遺伝子の優勢によって起こるといわれています。

以下は両親の毛色の組合わせによる新しい個体の毛色を示したものですので参考にしてください。

○ ホモ接合の両親の場合

	B	B
B	BB	BB
B	BB	BB

	S	S
S	SS	SS
S	SS	SS

	b	b
b	bb	bb
b	bb	bb

両親が同色のホモ接合の場合は、生まれてくる新しい個体は全てブラック、ソルト＆ペッパー、ブラック＆シルバーになる

○ 異系のホモ接合の両親の組合せの場合

	B	B
S	BS	BS
S	BS	BS

新しい個体の毛色は全てブラックだが、ソルト＆ペッパーの遺伝子を持つ

	B	B
b	Bb	Bb
b	Bb	Bb

新しい個体の毛色は全てブラックだが、ブラック＆シルバーの遺伝子を持つ

	S	S
b	Sb	Sb
b	Sb	Sb

新しい個体の毛色は全てソルト＆ペッパーだが、ブラック＆シルバーの遺伝子を持つ

○片方の親がホモ、もう一方がヘテロ接合の同色の組合せ

	B	B
B	BB	BB
S	BS	BS

新しい個体は全てブラックだが、50%はソルト&ペッパーの遺伝子を持つ

	B	B
B	BB	BB
b	Bb	Bb

新しい個体は全てブラックだが、50%はブラック&シルバーの遺伝子を持つ

	S	S
S	SS	SS
b	Sb	Sb

新しい個体は全てソルト&ペッパーだが、50%はブラック&シルバーの遺伝子を持つ

○片方の親がホモ、もう一方の親がヘテロ接合の異色の組合せ

	S	S
B	BS	BS
S	SS	SS

新しい個体の毛色はブラックとソルト&ペッパーが50%ずつだが、ブラックはソルト&ペッパーの遺伝子を持つ

	S	S
B	BS	BS
b	Sb	Sb

新しい個体の毛色はブラックとソルト&ペッパーが50%ずつだが、ブラックはソルト&ペッパーの遺伝子、ソルト&ペッパーはブラック&シルバーの遺伝子を持つ

	B	B
S	BS	BS
b	Bb	Bb

新しい個体の毛色は全てブラックだが、50%ずつの確立でソルト&ペッパーとブラック&シルバーの遺伝子を持つ

	b	b
B	Bb	Bb
S	Sb	Sb

新しい個体の毛色はブラックとソルト&ペッパーが50%ずつだが、全てブラック&シルバーの遺伝子を持つ

	b	b
B	Bb	Bb
b	bb	bb

新しい個体の毛色はブラックとブラック&シルバーが50%ずつだが、ブラックはブラック&シルバーの遺伝子を持つ

○両親がヘテロ接合で同色の場合

	S	b
S	SS	Sb
b	Sb	bb

新しい個体の75%がソルト&ペッパーの毛色で、25%がブラック&シルバーの毛色になるが、ソルト&ペッパーの3分の2はブラック&シルバーの遺伝子を持つ

	B	S
B	BB	BS
S	BS	SS

新しい個体の毛色はブラックが75%、ソルト&ペッパーが25%の確率になる。ブラックの3分の2はソルト&ペッパーの遺伝子を持つ

	B	b
B	BB	Bb
b	Bb	bb

新しい個体の毛色はブラックが75%、ブラック&シルバーが25%の確率になる。ブラックの3分の2はブラック&シルバーの遺伝子を持つ

○両親がヘテロ接合で異色の場合

	S	b
B	BS	Bb
b	Sb	bb

新しい個体の毛色は唯一ブラック、ソルト&ペッパー、ブラック&シルバーの毛色の可能性を持つ

以上、ブリーディングにおける毛色の出現を参考までに書き留めましたが、なかなか遺伝子間の問題は一朝一夕にはいかないようで、すべて犬の能力にかかっているのかもしれません。

ストリッピングについて

なぜこの犬種にストリッピングを施すのか、との問いには、「その犬の体型を知り、よりスタンダードに近づけるため」と申し上げるしかありませんが、その技術はその犬種を細部に渡って正しく見る“眼”を持つことから始まるといえるでしょう。

この犬種における「ステージング（犬の被毛を部分的に、一定の期間を置いて抜くこと）」の必要性とは、犬体の部分ごとの被毛の特性を知り、それを生かすことが目的となります。被毛の発育度も部位によって多少異なります。

本書では６週間のステージング、すなわち６ステージでの作業を紹介します。「ステージング」の章（P40）で６ステージの部位と作業工程を説明いたしますが、その前に、最初の問いについてもう少し説明しておこうと思います。

ストリッピングの作業は、大別して２通りの方法があります。アウター・コート、アンダー・コートを共に抜く方法と、アウター・コートだけを抜き、アウター・コートの発毛を待ってアンダー・コートを抜く方法です。これは、時期や犬体の状態などにより選択します。本書では前記の方法を採用しています。

ストリッピング・ナイフまたは親指と人差し指を使って、アウター・コートとアンダー・コートの根元を摘んで毛流の方向に引き抜きます。引き抜こうとする瞬間に手首を返し、自分の胸元の方向に力を加えます。左手でしっかりと皮膚を張って行うと、被毛は抜きやすくなります。皮膚には抜き損じた被毛が残ると思いますが、これはそのステージが全て完了した時点で処理をします。

ステージング後、１週間ほど経過すると皮膚の色が黒く変色し、アンダー・コートが現れてきます。アウター・コートの育成を進めるために、アンダー・コートをナイフや指で処理します。毛穴からアウター・コートが現れ始めるには、犬体の修復能力にもよりますが、４～５週間かかります。手で毛並みとは逆にボディをなでると、手に硬いアウター・コートを感じるようになります。新毛の発育と共にデス・コートも目立ち始めますので、それらもマメに処理することが必要となります。

新毛の発育過程で毛色・毛質の良いアウター・コートの育成が望まれます。そのために、アウター・コートは十分な栄養素や酸素の摂取が必要となり、アンダー・コートの処理がたいへん重要な作業になります。正しいナイフを選択し、アンダー・コートの処理を行うことを心掛けてください。マメに処理作業を施した犬体は、ステージング終了後２ヶ月を経過しますと、アウター・コートが約２cmほどの長さまでに成長します。いよいよドッグ・ショーへの出陳が始まっていくわけです（現在、ミニチュア・シュナウザーのショー出陳に関して被毛の長さについての規定はありませんが、触れた時に被毛の質が確認できる長さであることと定められています）。

このようにしてショーに出陳され、約２.５ヶ月が経過すると、被毛はさらに伸び続け、グルーミングにおいてアウトラインを形づくることが難しくなります。そこで作業がまた元に戻る、という仕組みを繰り返します。すなわち、ミニチュア・シュナウザーは年２回のストリッピングを行うことになるのです。

季節的換毛のない彼らにとって、この人工的換毛こそが唯一正常な被毛を保ち続けるための作業と言えます。これを日数表示すると一目して理解ができるでしょう。ステージングの開始から終了に６週間、被毛が伸びてショー出陳するまでの期間（グルーミング期）が９週間、ショー出陳期間が約11週間で、計26週間が１サイクルです。一年は53週間ですので、一年に２サイクルであることが理解できます。

ミニチュア・シュナウザーは長毛種と比べて成長期が短いため、一定の長さまで成長すると被毛の発育は休止します。この状態でストリッピングを行うことはあまり望ましくありません。まだ成長期にある状態の被毛を抜き、同時に退行期にある被毛を間引きすることによって、新毛はより修復された状態で発生することになります。

Grooming of
Miniature Schnauzer

被毛について

ミニチュア・シュナウザーの
スタンダード

ミニチュア・シュナウザーのスタンダード

シュナウザー・ファミリーを構成する3タイプの中で、ミニチュア・シュナウザーは最も小さいサイズに属します。プードルやダックスフンドなどのように、大きなサイズを縮小して小さなサイズをつくり上げたのではなく、中間サイズ（スタンダード・シュナウザー）から大きなサイズ、また小さなサイズをつくり上げました。その作出の過程で関わりを持った犬種が異なるため、シュナウザーは3タイプのスタンダードがつくられています。これら3タイプのシュナウザーはよく似ているようですが、微妙に違いが見られます。

シュナウザーの歴史は古く、15世紀の絵画にも描かれています。ミニチュア・シュナウザーの作出にあたっては、スタンダード・シュナウザーを基に、スピッツ、プードル、そしてアーフェンピンシャーなどが交配されたといわれています。断耳された耳、深く暗褐色な目、眉、豊かで美しい口髭、豊かな四肢の飾り毛を持ち、骨量があり、小ささを感じさせないしっかりとした体型から生み出される推進力は、ダイナミックな歩様を見せます。

しかし、その基礎になったスタンダード・シュナウザーの起源は、さまざまな学説があり定説を持っていません。原産国ドイツにあってはツベルク・シュナウザーとして、スタンダード・シュナウザーと共にネズミ獲りの名手として知られています。現在、アメリカ、カナダではテリア・グループに、イギリスではユーティリティに、FCIではピンシャー・シュナウザー・モロシアンタイプの各グループに分類されています。

ここではAKCのスタンダードを引用して解説します。しかし、時々このスタンダードは犬種繁殖を通して改定されます。たとえば、このミニチュア・シュナウザーもスタンダードが制定された時は体高12インチでしたが、1934年に牡は10.5～13.5インチ、牝は10～12.5インチに改定され、1958年には12インチ以下は失格と改定、1980年にもアメリカの「ミニチュア・シュナウザー・クラブ」がスタンダードの見直しを行い、歩様や被毛などの項において改定が行われました。そして、現在ではサイズは12～14インチと統一され、明記されています。

○原産国

ドイツ

○外貌

ミニチュア・シュナウザーは強健なテリア・タイプの活発な犬で、外貌は従兄弟であるスタンダード・シュナウザーによく似ています。敏感で活発な性格を持ち、従順です。ミニチュア・シュナウザーは頑丈にできており、体高と体長は等しく四角形をし、骨格が太く極小犬の容貌はしていません。

極小型タイプのもの、活気のないもの、粗野なものは欠点とされます。

○性格

典型的なミニチュア・シュナウザーは機敏で用心深いのですが、命令に対して従順です。愛想が良く、頭が良く人を楽しませます。決して攻撃的であったり、臆病であってはなりません。

○サイズ

体高は12～14インチ。がっしりとした体格で、体高と体長の割合はスクエアです。骨太で、どこから見てもトイ犬種には見えません。

○頭部

頭は強く長方形で、広さは耳から目にかけてわずかに減少しており、再び鼻の先にかけて減少しています。額にはしわがなく、頭頂は平らで相当な長さがあります。

マズルはスカルに平行で、わずかなストップがあります。そして、マズルとスカルの対比は等長です。マズルは頭部にがっしりとした形でつき、ほどよく収まった長方形の顔にアクセントを付ける長く濃い髭を持っています。

短い顔は欠点ではありませんが、本質的に反することを明記しておきます。

頭蓋が広く、マズルが鴫《しぎ》のように尖ったもの、頭部及びマズルが重厚すぎるものは欠点であり、頭蓋がリンゴ状のものも同様です。

・注意すべき点

頭は、鼻が下の方を向くことができるように高く持ち上げられ、頸が少しアーチしていることが自然なのです。これは、ミニチュア・シュナウザーのシャープな頸と、頭部の鼻の位置の最も美しい表現を示すことに役立ちます。ミニチュア・シュナウザーの表現の条件は、ブリーダーとジャッジの間で絶えず討論されています。これらの表現の要因の多くは、スタンダードの中で述べられています。

シャープな下向きの鼻、威嚇的な容貌、頑丈な口吻を持った傾斜した頭部、眼は黒褐色の卵型で、頭部に深く適度な形でセットされ、その眼は鋭く突き抜くように注視します。頭は針金のような毛質で、色合いは塩と胡椒色が基本であり、これに対照的なシルバーホワイトの眉毛と灰色あるいは黒色のマスクを持ち、長く美しい髭を持っています。すっきりとした眉と髭で馬のように頭を持ち上げ、よくアーチした頸を持ちます。これら全部の特色がジャッジの要望であり、ブリーダーにとって必要な条件であるのです。

・歯

口咬はシザーズ・バイトで上下は触れ合っています。口を閉じた時、上顎前歯の内側が下顎前歯の外側に軽く接触する状態です。

・眼

耳は暗褐色で小さく深く位置され、卵形で鋭い。眼の狭いもの、明るく丸い大きな出目は欠点とされます。

・耳

耳を理想的な形と長さに断耳したとき、その先端は尖っています。耳の大きさは頭部の大きさとのバランスをとり、大げさな長さであってはなりません。

耳は頭蓋の上部に高くセットされ、内側の縁を垂直に立て、外側の縁に沿ってできるだけ小さな釣鐘状に断耳します。小耳は頭蓋の側面にそろえて断耳します。人工的にプリック・イヤーにすることで、犬を不利にしては意味がありません。耳の形と長さは全体のバランスにとって大切なことであり、正しくない断耳は望ましくない頭蓋の形を強調することになり、注意を要します。

長い耳は頭部や犬全体のバランスを妨げます。また、短すぎたり、広すぎたりする耳は頭部が下品に見えます。断耳されない耳は、V字形で小さく頭蓋寄りに垂れています。

○頸

喉の皮膚は引き締まっています。強く、ほどよく弓形で、肩に自然につながっています。強い頸は細くも太くもなく、ボディに近づくにつれて広くなり、肩と交わります。そのために、肩の筋肉は十分に発達しています。短すぎる頸は弓形にはならないので、満足のできる長さが必要です。良い弓形の頸は、頭頂から肩の線に向って湾曲を描きながら流れるような線で肩と交わります。雄牛のような頸や、雌羊のような頸は共に望ましくありません。

頸の長さは体高と背の長さなどにより異なりますが、ほどよい弓形の頸を持つためには満足できる長さが必要で、短い頸は弓形にはなりません。強くて良い弓形の頸を、短く太く重厚な頸と混同すべきではありません。

短く重厚な頸は咽喉《いんこう》が膨れたように見えますし、トップの盛り上がりに欠けてしまいます。良い弓形の頸は、頭蓋のトップの所から肩の線に向かって、エレガントな湾曲を描きながら、流れるような線で肩と交わります。

○ボディ

ボディは短く深く、少なくとも肘へ胸の肉が広がっているべきで、肋骨は十分なスプリングがあり、深く短い背の腰骨に向かって広がっていなくてはなりません。下腹部は巻き上がってはいけません。背線は肩から尾根にかけてわずかに傾斜して、真っ直ぐな線で結ばれています。胸は肘または肘の下まで広がり、前肢はこの胸を挟むことがないように十分な余地があります。肋骨はよく広がり深いですが、肘は前肢が肩のトップから足先へ落ちるまで真っ直ぐな線にあり、前望、側望から確認することができます。

肘はボディにしっかりと付けられています。肘は動くために必要な余地を残してボディにしっかりと付いていないと、動くときに肘が外側に投げ出されます。

肘の真っ直ぐ後ろの軟骨は丸みを持ち、肋骨の一定のカーブで形づくられています。

もしも、肋骨の囲いが第1肋骨から膨れ始めたなら、前肢はボディの真下にないでしょう。これでは犬が正しく立姿することができません。すなわち、樽形のボディを示しますし、肘は投げ出され緩んでいます。

胸幅の広いもの、胸肉の薄いもの、背の揺れるもの、腰部が巻き上がっているものは欠点です。

○前躯

前肢は真っ直ぐで、前望して左右前肢は平行にあります。骨太でパスターンはしっかりしています。左右前肢は深い前胸部に隔てられ、胸底の幅が狭くなるのを防いでいます。肘は締まって、肋骨は肘がボディに接するのを防ぐため、第一肋骨から次第に広がっています。肩は後方に傾斜し、側望では肩甲骨の最高点は肘に対してほとんど垂直に位置しています。肩甲骨の最高点は互いに接近していて、前肢が前に最大限伸ばせるような角度で、前方下に向かって傾斜しています。

平たく高さのない肩は、正しくボディを支えられません。しかし、スタンダードにおいて、その高さの基準を示す肩甲骨の傾斜の度合いは明白には述べられていません。そこにどのくらいの傾斜ができるかということと、高い肩の保持ということの相関には疑問があるからです。

肩甲骨が立ち、高い肩を持つことによって、頸は短くなるという現象があり、そればかりか次のような問題も提示します。肩甲骨とその下にある上腕骨からなる上部肢は、ほとんど角度のない配置になり、ほぼ真っ直ぐな状態を示します。頸の前面と筋肉を結ぶ真っ直ぐな線上にある関節によって、肢の回転は限られてしまいます。すなわち、犬は、歩幅を伸ばすことができません。ゆえに、歩幅は狭く小股で歩く動きを示しますし、肩の傾斜不足から接合角度が不足するのです。ニワトリのような胸を持つタイプも肩の傾斜不足によるものですが、前肢は胸部の下に置かれず離れて位置します。いずれにしても、側望したとき、前肢の位置は胸骨が明白に突き出ない程度に、わずかに後方にあるべきです。＜図4＞

図4・肩甲骨の角度

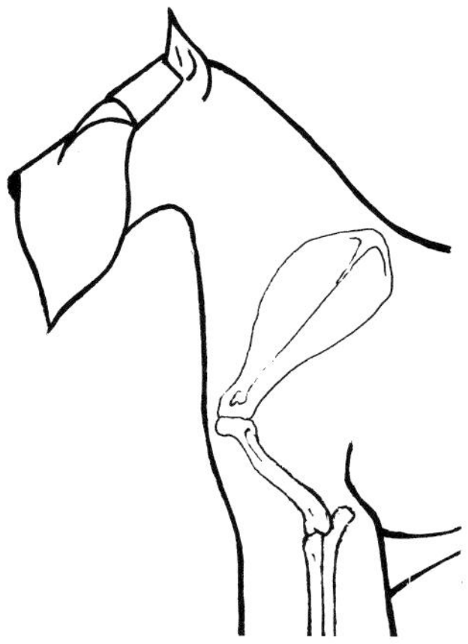

正しい傾斜を持った肩と上腕骨

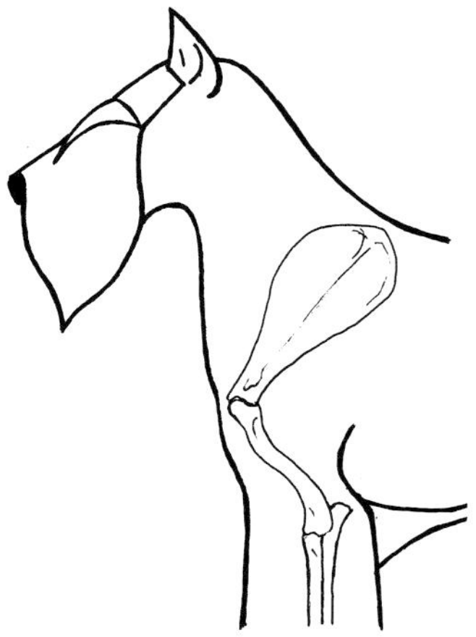

肩甲骨の角度は良いが上腕骨が立っている。接合角度が広い

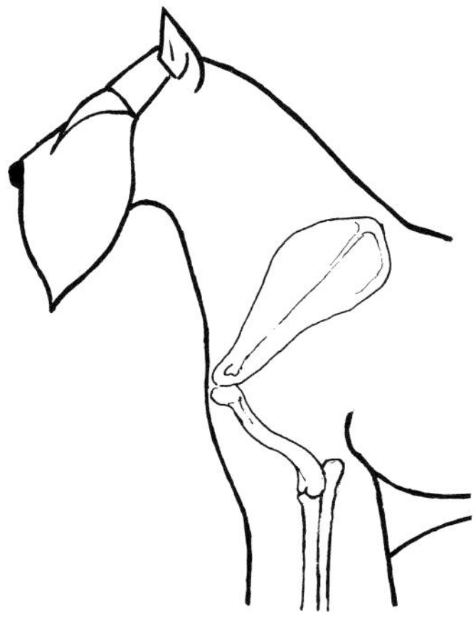

肩甲骨と上腕骨が傾斜しすぎている。ワーキング、スポーティング種の肩

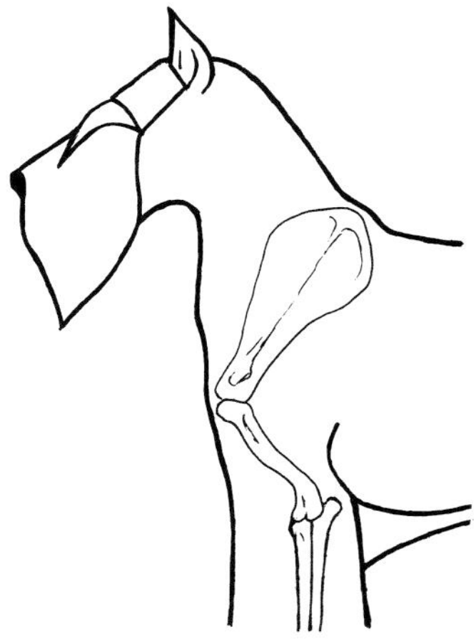

肩甲骨が立ちすぎていて、スワン首となっている。肩のラインに凹凸ができてしまう

○後躯

後躯は強い筋肉と傾斜した大腿を持っています。

スタイフルはよく曲がり、膝から踵《かかと》にかけて真っ直ぐです。飛節は、犬を立姿したとき尻尾を越えて位置します。腰部は肩よりも高くしてはいけません。ハインド・パスターンは短く地面に垂直で、後望して平行にあります。

O状肢勢、X状肢勢は欠点です。

○足

足先は丸く、短く、黒く厚いパッドを持ち、猫足で、飛節から爪先にかけて緩やかにアーチし、よく引き締まっています。

○尾

尾は適度な長さの被毛のとき、尾先が背線の高さを超えて付け根から真っ直ぐに直立し、高くセットされます。

○被毛

アウター・コートとアンダー・コートからなる二重毛を持ち、上毛は針金のような粗剛毛でなければなりません。

ドッグ・ショーなどに出陳される場合は、頸と頭部と耳を除いて約３／４インチが好まれます。柔らかすぎるもの、滑らかすぎるものは欠点と見なされます。塩と胡椒の毛の縞模様は、硬く針金のようなアウター・コートのときのみ明白で、この縞は三段階に分けられます。従って、通常アウター・コートはプラッキングされるべきで、その作業を施した場合のみ、毛色は混合色となります。

○毛色

認められている色はソルト&ペッパー、ブラック&シルバー、そしてブラックです。最も一般的な色は灰色がかったソルト&ペッパーで、単一色のものも許されます。単一色とは、灰色１色や、胡椒色１色のものを示します。ソルト&ペッパーの混合色のものは、眉毛、頬髭、喉、頬の下、胸の前側、尾の下、足のところ、下腹部、足の内側のところが淡い灰色、あるいはシルバー・ホワイトにあせています。下腹部の明るいコートは、ボディの横、及び前肘の上にあってはいけません。

ブラック&シルバーの犬は、ソルト&ペッパーの箇所が黒でなくてはなりません。頬髭の変色の箇所を除くと黒は１色であり、また黒色は灰色も茶褐色の色合いも持たない、真っ黒なものでなくてはいけません。しかし、胸の小さな白のマークは許されます。不合格は、色がボディのところまで白色のパッチをはいているものです。

ソルト&ペッパーの毛の色は、淡い色と黒い色が縞模様になっています。全体では、毛先は黒味を帯びた胡椒色に塩を軽く振りかけたように見えます。全体の毛色は毛の縞模様の出来具合によって違ってきます。

もしも毛先が白色になっていると、被毛色は明るく、胡椒に塩を振りかけたように見えます。コートの長さによって個々の色の変化があります。

俗にシルバーと呼ばれるのは、毛の縞模様がはっきり判別されないものです。

○歩様

速歩によって判断しますが、犬は真っ直ぐな線上を歩かなくてはなりません。

歩様を始めると、前肢の肘はボディに接近すると共に平行になります。趾は内向したり、外向したりしません。歩様を始めたとき、側望すると前肢は良い伸びを持ち、後肢は力強く地面を蹴った後、軽く持ち上げて力強く運歩します。

肢は二線上を真っ直ぐに運歩し、前望において両肢の間隔は両肘の間隔と同じです。これらの平行な２つの線は、内側または外側に向かうことはありません。後肢はピストンのように迫力のある推進力を示し、飛節の角度がないものはその限りではありません。スムーズで力強く、軽やかで流れるような動きを示すことが必要です。

骨格について

犬の美容を勉強していると、よく「骨格と筋肉の付き具合を触審して確認せよ」と言われました。しかし、触審しただけでは、骨の関節部の角度やそれぞれの筋肉の付き具合は理解できなかったのではないでしょうか。確かに、犬の美容には、骨格や筋肉の形態を知ることは大切な要素です。美容された犬は床に降ろせば運動をします。運動するということは前進します。前進するためには推進力が必要になり、その力をつくるためには、骨も筋肉も必要とします。従って、生物は“動く”ということを伴って生きることを表現し、自らの美を表現します。だから、美容も“動く”ことを前提に被毛を形づくるわけです。そこで、ここでは少し、骨格と筋肉の役割についてまとめてみましょう。

（1）骨の組成

骨は有機質と無機質とで構成され、その対比は、およそ1／3：2／3です。無機質の成分は主としてリン酸Ca、炭酸Caで、少量ですが、炭酸Mg、リン酸Mg、フッ素Ca、NaCl、Feなどが含まれています。未成犬は成犬に比べて有機質の役割が多いといわれ、水分も比較的多く、骨格部位によって含有率は異なりますが、尾椎などは数値が高いといわれています。

繊維性結合組織が基盤となり、Ca塩が付着して基質をつくります。それは「緻密骨《ちみつこつ》」によく表れていて、骨層板が同心円状に組み合わされ、接合質で結合しています。骨層板を構成する有機成分は互いに交わり、骨を硬く強くしています。

（2）骨の形態分類　（他に移行型がある）

1）長骨（四肢などを構成する長さのある骨）
2）短骨（椎骨など）
3）扁平骨（肩甲骨、頭蓋骨、肋骨など）
4）含気骨《がんきこつ》（前頭骨などで空気を含む洞を持つ）

移行型を含め、犬の体を構成する骨は、それぞれの形態分類に属して役割を持っています。犬の体を構成する骨格の平均数は表の通りです。

体軸骨格	平均数
脊柱	50
頭蓋と舌骨	50
肋骨と胸骨	34
体肢骨格	**平均数**
前肢	92
後肢	92
特異質（雄）	
陰茎骨	1
計	319（雄）

（3）骨の構造

どの骨も、その外層は線維性で白色の膜で包まれています。これを「骨膜《こつまく》」と呼びます。結合組織性の薄い膜で、骨に栄養素を運びます。血管、神経に富んで知覚が鋭敏であり、非常に重要な役割を持っています。骨の新生や再生は、すべてこの骨膜で行われます。

長骨の構造　＜図5＞

両端部は肥厚して「骨端《こったん》」を形成し、関節面をつくります。表面は薄く軟骨で被われ、骨膜がありません。両端部の間の「骨幹《こっかん》」は薄い「骨端軟骨」で結合されて「骨端線」をつくります。骨の成長はこの部分で行われ、

図5・骨の構造

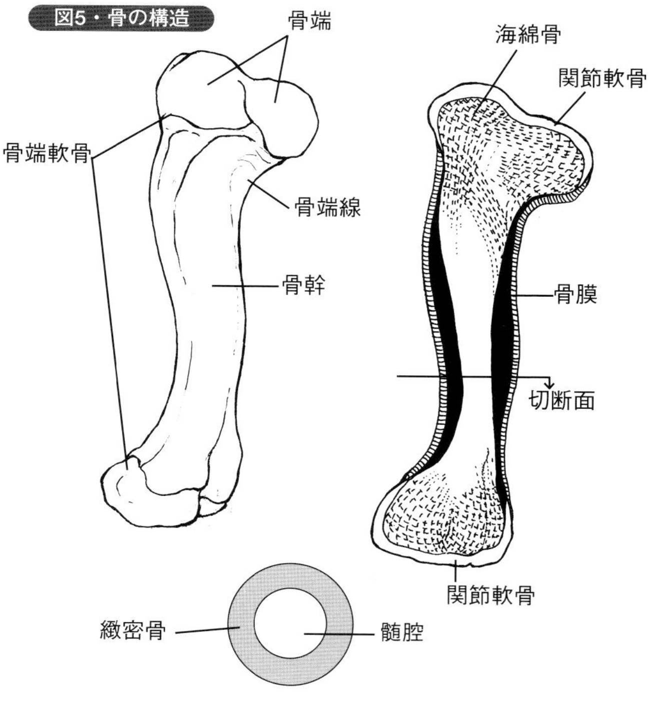

図6・脊柱彎曲

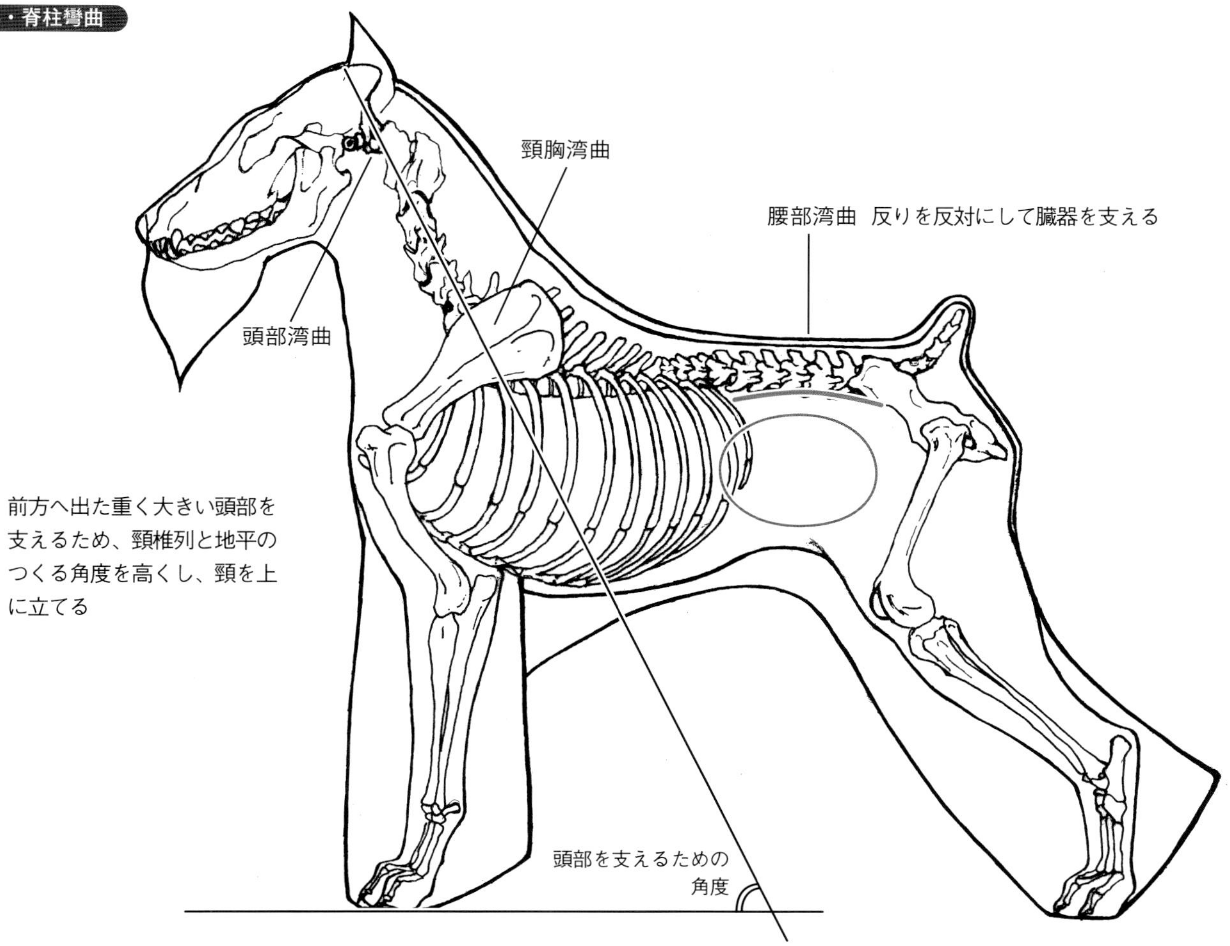
頸胸湾曲
腰部湾曲　反りを反対にして臓器を支える
頭部湾曲
前方へ出た重く大きい頭部を支えるため、頸椎列と地平のつくる角度を高くし、頸を上に立てる
頭部を支えるための角度

骨は長くなります。犬の成長が止まると、この部分は骨結合し完全に骨化した骨に成長します。

骨膜の下は、緻密骨という硬く緻密な部分で占められ、骨幹中心部では最も層が厚く、骨端になるにつれ薄くなっています。さらに、その内側に骨質が薄い板状を呈して複雑に組み合わされた海綿状の髄小室をつくる「海綿骨」があり、海綿骨は骨端部に見られます。

骨幹部中心は「髄腔《ずいくう》」となります。髄腔は骨内膜で縁取られていて、広く空洞状の鞘をつくり、骨髄を収めています。骨髄は造血組織で、骨表面の栄養孔に入った血管が栄養管と連結し、骨髄につながります。

（4）骨格と背線　＜図6＞

犬が運動するための骨格は、それぞれのパーツに正しく角度を伴って置かれなければなりません。誰の眼にも明らかな我々人間との根本的な相違は、人間は二肢で直立に歩行するのに対し、犬は四肢歩行であることです。従って、地面に対しての体軸骨格（脊柱）は人間が90度なのに対し、犬は180度の角度を持ち、双方には90度の違いが見られます。この角度の相違は両者の運動に深い関わりを持ち、重力の加わり方や脊柱の湾曲に変化をもたらします。

人間も犬も脊柱は真っ直ぐではありません。脊柱は「椎《つい》」が結合して形成されており、その結合部分に角度があり、湾曲を示します。人間の脊柱は地面に対しほぼ直角にありますので、重力は縦に作用し、上からの圧力をすべて脊柱が支えなければなりません。犬の脊柱は地面にほぼ平行にありますから、重力は脊柱に垂直に作用することになります。従って犬の脊柱は、背側上方より犬の内部器管を吊り上げるように保たれるので、その目的に従って脊柱湾曲がつくられます。

人間の頭部は体軸の上に乗っていますが、犬は前方に突き出た形で位置しています。そのため、頭部を支える頸の「頸椎《けいつい》」は、地面に対し重い頭部を支えるための角度が必要となります。このために、人間には見られない頭部湾曲が出現し、それと共に頸胸《けいきょう》湾曲が現れます。この湾曲により、犬は弓なりの頸を持つことになります。

この弓なりの頸によって、犬が運動を起こした時、自在な動きができるようになります。そして犬は、胸部湾曲がそのまま後方（背側）に移行し、胸椎から腰椎へと緩やかに隆起する腰部湾曲を示します。従って、犬の腰部は背線上で高くあることが理解できます。人間の脊柱の湾曲との違いはこの部分で、人間は腹側に湾曲しています。

（5）体軸骨格と体肢骨格の役割　＜図7＞

哺乳類の体軸骨格を構成する骨の中で、頸の骨の数は少数の例外を除いて7個ですが、他の骨の数は種によって異なっています。

頸椎の第一・第二頸椎は特殊な形、そして、第三～第七頸椎では以下のような特徴が見られます。「椎体《ついたい》」は後位に向かうほど短く、「棘突起」は後位に向かって高くなります。家畜類にあって、犬の棘突起《きょくとっき》は長く大きいのが特徴です。特に第七頸椎にあっては、胸椎への移行を示し、よく発達し、側縁には第一肋骨の骨頭と接合するための関節面である「後肋骨窩《こうろっこつか》」を持っています。

犬が運動をすることに関して、頭部の移動が速やかに行われなければならないことは承知の通りですが、これには頸の動きがたいへん重要です。頸椎のうち第一・第二頸椎にそのための特徴が見られます。

図7・犬の骨格

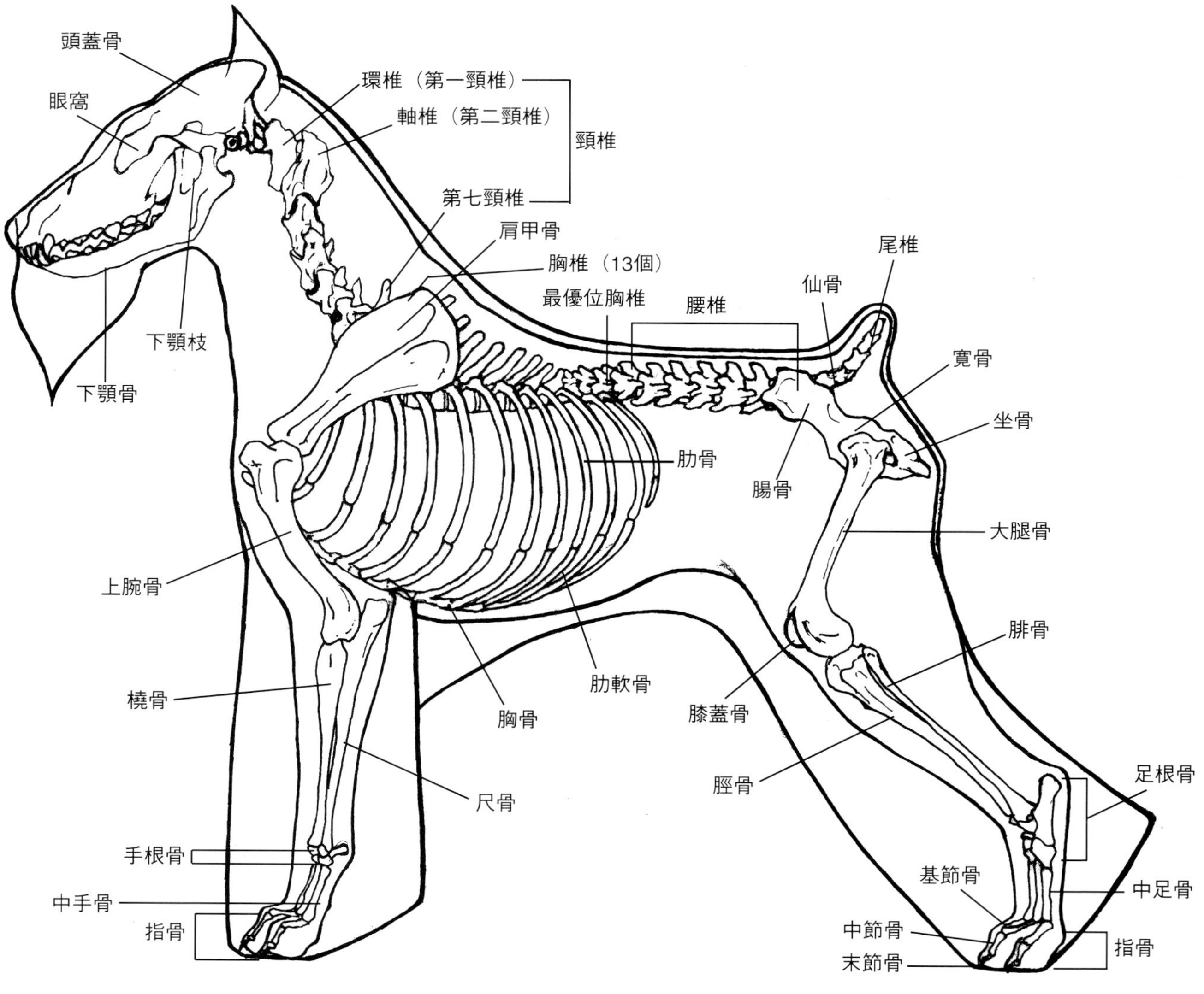

第一頸椎は輪状につくられ、その形状から「環椎《かんつい》」と呼ばれています。「背弓《はいきゅう》」と「腹弓《ふくきゅう》」とで「椎孔《ついこう》」をつくり、「外側塊《がいそくかい》」で結ばれ、ちょうど手錠のような形をしています。椎体を欠き、外側塊からプロペラのような板状の横突起があり（環椎翼《かんついよく》）、後頭骨と関節するための「前関節窩《ぜんかんせつか》」を持ちます。また、棘突起は背弓上に「背結節《はいけっせつ》」を、腹弓にも下方にせり出す「腹結節《ふくけっせつ》」をつくります。環椎翼の基部には「横突孔《おうとっこう》」をつくり、腹面には深い「環椎窩《かんついか》」を形成します。頭蓋とは「環椎後頭《かんついこうとう》関節《けっせつ》」で結合し、これによって頭部が上下運動できるようになります。

第二頸椎とは「環軸関節《かんじくかんせつ》」で結合し、これによって左右の動きや頭部の回転ができるようになっています。しかし、この作動を行うためには強い筋肉と靭帯を必要とします。「上腕三頭筋《じょうわんさんとうきん》」は頭蓋より上腕骨までの長い筋肉で、頭部の動きを支配します。その他、頸椎を動かすための伸縮性を持った「項靭帯《こうじんたい》」や、肩甲骨の動きに関連する「頸僧帽筋《けいそうぼうきん》」、「頸腹鋸筋《けいふくきょきん》」などがあります。

第２頸椎を「軸椎《じくつい》」と呼びます。第２頸椎の椎頭を軸にして頭蓋と環椎が結合し、回転運動をするために、軸椎と呼ばれています。７つの頸椎の中で最も長い椎体を持ちます。椎頭は「歯突起《しとっき》」と呼ばれる円錐状《えんすいじょう》で、先には「歯突起尖《しとっきせん》」と呼ばれる細く尖った形の突起を持ち、環椎の「歯突起窩《しとっきか》」と関節します。周囲には外側関節面が発達しており、これが環椎の「後関節窩《こうかんせつか》」と関節します。船底のような形をした棘突起が高く長くあるのが特徴で、背側に向いています。＜図8＞

図8・環椎・軸椎

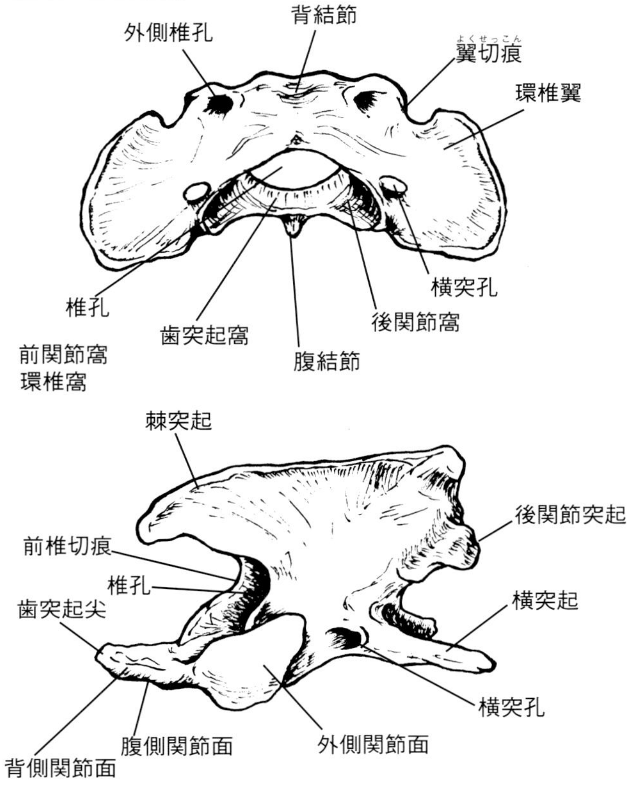

第二頸椎と第三頸椎の結合部を「ポール」といいますが、この部分で頸は湾曲を現します。外側に湾曲するとほどよいアーチが出現しますが、内側に湾曲するとユー・ネックが出現します。第三から第七頸椎までは椎体がよく発達して、後方に向かうに従ってそれは短くなり、椎体は前方が突き出し、後方に深く窪みがあります。そして、前肢を動かすための強い筋肉や靭帯は、この７個の頸椎に支えられて存在しているのです。これらのことから、ミニチュア・シュナウザーの頸は、強い弓形の頸を要求されています。しなやかに肩に交わって、弛緩した頸の皮膚を持たないのです。そのため、肩の筋肉も十分に発達していることを求めています。

頸の長さは、体高と背の長さに関わりを持ちますが、リーチド・ネックを要求し、基部の広い筋肉の発達が必要になります。力強く頭部を保持し、威厳を表現する頸部でなければならないのです。重厚すぎず、第１頸椎から第７頸椎によって構築された頸は、肩の線に向ってエレガントな曲線を描き、流れるように肩と交わりま

図9・頸椎

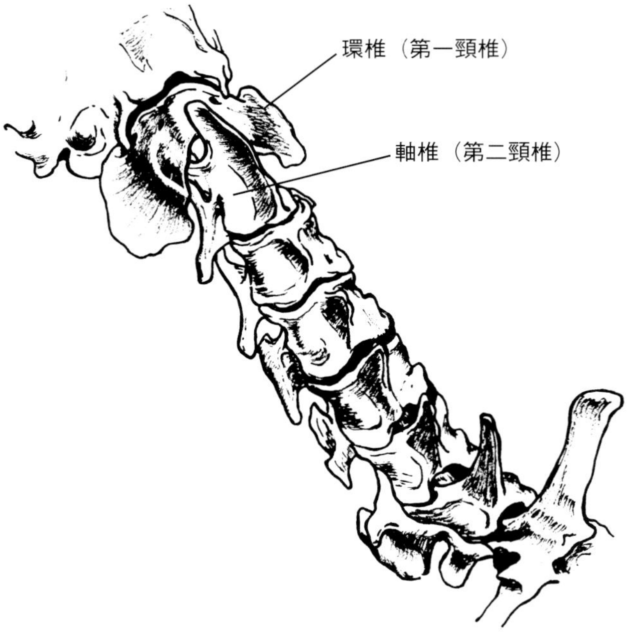

す。＜図９＞

頸椎の後方は13本の胸椎で構成されます。肋骨の数は胸椎と同数になります。棘突起がよく発達しており、第一胸椎より第十胸椎までは後方に傾斜し、第十一胸椎では垂直になり、背線における負重率の平均化が図られます。第十二・十三胸椎の棘突起では、従って前方に傾斜を見ることになります。第六胸椎までは、その高さは平均して高く、後方に向かうに従って低くなっています。

また、胸椎は肋骨と接合する関節面「前肋骨窩《ぜんろっこつか》」を持ち、前後の接合部で肋骨頭と窩がゆっくり結合します。椎体は短く、前後端は平らで、中間胸椎では「乳頭突起《にゅうとうとっき》」があり、「前関節突起《ぜんかんせつとっき》」と接して結合し「乳頭関節突起《にゅうとうかんせつとっき》」をつくります。

腰椎は７個の骨が組み合わされています。椎体は胸椎よりは長いですが、頸椎ほどの長さはありません。横突起が翼のように発達して、前望すると戦闘機のような形をしています。尾翼のような棘突起は板状で、どの椎体もほぼ同じ長さで発達しています。椎弓も高く、椎孔も広く、胸椎と同様に乳頭関節突起をつくり、後関節突起を深く接合させます。結合はより強く噛み合い、推進力を前肢に運ぶために重要な役割を果たします。翼のような横突起は、腰椎すべてで長く、先端は前側へ向っています。この横突起は「肋骨突起《ろっこつとっき》」とも呼ばれ、肋骨の遺残が加わっているためといわれています。仙椎は３個の骨からなり、生後数ヶ月を経過すると骨化現象が起こって融合し、一つの仙骨を形成します。従って、仙骨は結合体です。三角形の形をし、「仙骨底《せんこつてい》」という底辺を持ちます。第一仙椎の中央には腰椎と関節する椎頭をつくり、下部の突出部には「岬角《こうかく》」があります。

これらの体軸骨格は背線を形成します。垂直にかかる重力を支え、背線が下降するのを防ぐために、「背最長《はいさいちょう》筋《きん》」などが強く関わりを持ちます。第八胸椎までのキ甲部は「胸僧帽筋《きょうそうぼうきん》」などを棘突起で支え、ミニチュア・シュナウザー特有のなだらかに傾斜した肩を構成します。

十三胸椎までの背は水平で、推進力を前肢に無駄なく伝達するようにつくられています。腰椎はほんのわずかにアーチして、腹部を支え、上方に重さを引き上げています。これは前出の腰部湾曲で説明した通りです。従って、背の上昇を見るキャメル・バックや、腰が著しくアーチし斜尻を示すようなローチ・バックであってはなりません。ミニチュア・シュナウザーの背線は肩から尾根にかけてなだらかに傾斜をすることが望まれています。

図10・胸骨（背面より）

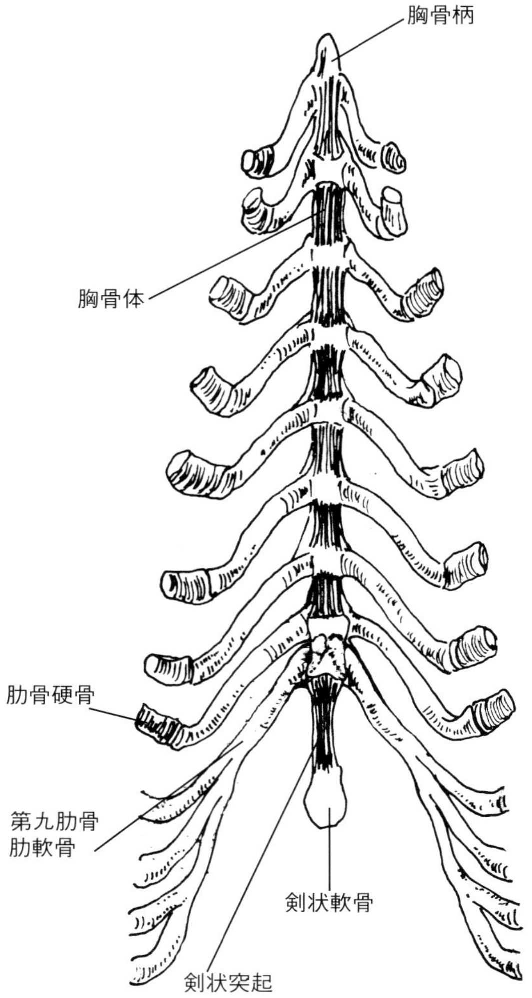

また、胸椎には13対の肋骨が関節して各種器官を保護し、8個からなる胸骨に接合しています。しかし、９対の「真肋骨《しんろっこつ》」は接合を見ますが、残る4対の「仮肋骨《かりろっこつ》」は胸骨に接合しません。第十三肋骨にあっては、最も短くいずれにも接合しません。

肋骨は胸椎に対し45度の角度で付くことを理想としています。犬が呼吸をする時などは、前方に動く第一〜第四肋骨はあまり張らず、前肢の動きを妨げません。もしもこの部分に張りがあると、前肢に大きな支障を持ち、その位置が変化しますし、ボディはバレルになります。＜図10＞

体肢骨格は「前肢骨《ぜんしこつ》」、「後肢骨《こうしこつ》」からなり、犬の歩様にはそれぞれのアンギュレーションの正確さが求められ

図11・肩甲骨・上腕骨

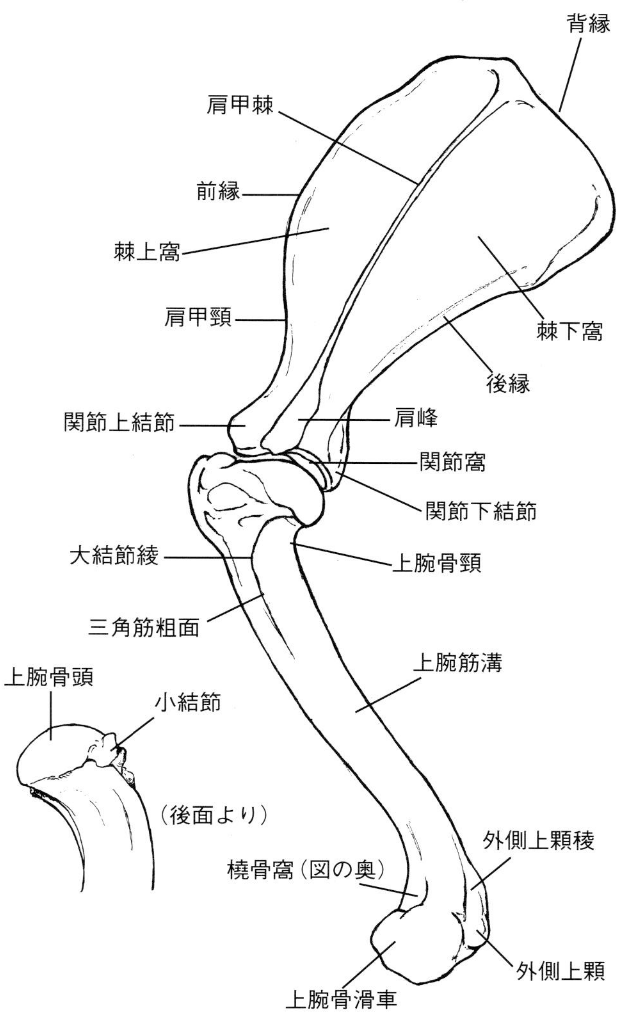

ます。特に、ミニチュア・シュナウザーの力強くスピーディーな歩様を示すには、その構成が大変重要になります。

前肢骨は、「肩甲骨《けんこうこつ》」、「上腕骨《じょうわんこつ》」、「前腕骨《ぜんわんこつ》（橈骨《とうこつ》・尺骨《しゃっこつ》）」、「手根骨《しゅこんこつ》」、「中手骨《ちゅうしゅこつ》」、「指骨《しこつ》」から構成されています。鎖骨が退化した犬は、肩甲骨を幅広く、より強度に進化させ、骨格筋に接合面を広く与えて「肩甲棘《けんこうきょく》」を高く発達させて、より強靱な筋肉の付着と共に肩甲骨の働きを助けています。

「前肢帯《ぜんしたい》」と呼ばれる肩甲骨は、胸郭の側壁に平行に対をなして位置しています。骨軸に沿って隆起した肩甲棘の下端は、突出した厚い「肩峰《けんぽう》」を持ちます。これは人では鎖骨と結合する部分です。関節窩で「上腕骨頭《じょうわんこつとう》」と関節し、肩関節を形成します。前縁に「関節上結節《かんせつじょうけっせつ》」、後縁に「関節下結節《かんせつかけっせつ》」を持ち、関節窩の内側前縁には烏口骨が退化した「烏口突起《うこうとっき》」があります。また、三角形の底辺に当たる「背縁《はいえん》」は胸椎と平行する部分で、軟骨部を持ちます。胸椎とは関節せず、強靱な筋肉と靭で結ばれています。＜図11＞

ミニチュア・シュナウザーのようなスクエア犬種は、スクエアになる条件の一つとして、長胴短背につくられる必要があります。肩甲骨は後方によく傾斜し、寛骨角度は比例して緩やかな傾斜を示します。よって肩端は前方に、座骨結節は後方に位置し、肩甲骨の椎骨線は後方に位置するため、背は短く、胴は長くなり、理想的なボディを形づくります。

そして、ミニチュア・シュナウザーは肩甲骨の長軸が長く、上腕骨と同等の長さを持つことが求められています。それぞれの骨を長辺とした二等辺三角形が形づくられるように、その接合角度は90度を理想としています。ミニチュア・シュナウザーが円滑に歩様するための条件は、この角度と伸びやかに伸縮する筋肉組織です。これによって歩様時に最大の着地点を得ることができるからです。また、肩甲骨は前肢の振り子運動をする支点でもあり、前駆の体重を支えている支点でもあります。そのため、前述したように、肩甲骨の角度は背線やパスターンの角度、肩幅などとの関わりを持ちます。分類上は「偏平骨《へんぺいこつ》」に属し、上腕骨とは三軸性の「球関節《きゅうかんせつ》」で結合します。球関節で結合した上腕骨は、運動軸は多面ですが、実際には犬が運動を行ったとき、前肢が多方面に動いては困ります。前肢が振り子運動をする時、内向・外向を示してしまうからです。従って、それを制限する靭帯や筋肉が必要になります。この骨は下端を前腕骨と一軸性の蝶番関節《ちょうばんかんせつ》で結合して、肘関節を形成します。

「前腕骨」は２本の骨で構成されています。母指列に接合する「橈骨」と、小指列に接合する「尺骨」であり、橈骨が前内側、尺骨が後外側に位置します。橈骨と尺骨は互いに独立し、尺骨は橈骨より長いのが特徴で、共に左右平行にあり、垂直に位置することが要求されています。

橈骨の「橈骨頭《とうこつとう》」には「橈骨頭窩《とうこつとうか》」を持ち、尺骨の関節面に結合して上腕骨の滑車を納めています。下端には「橈骨滑車《とうこつかっしゃ》」を持ち、橈骨滑車は「手根関節面《しゅこんかんせつめん》」をつくり、ここに出現する「結節状関節《けっせつじょうかんせつ》」を持って手根骨と関

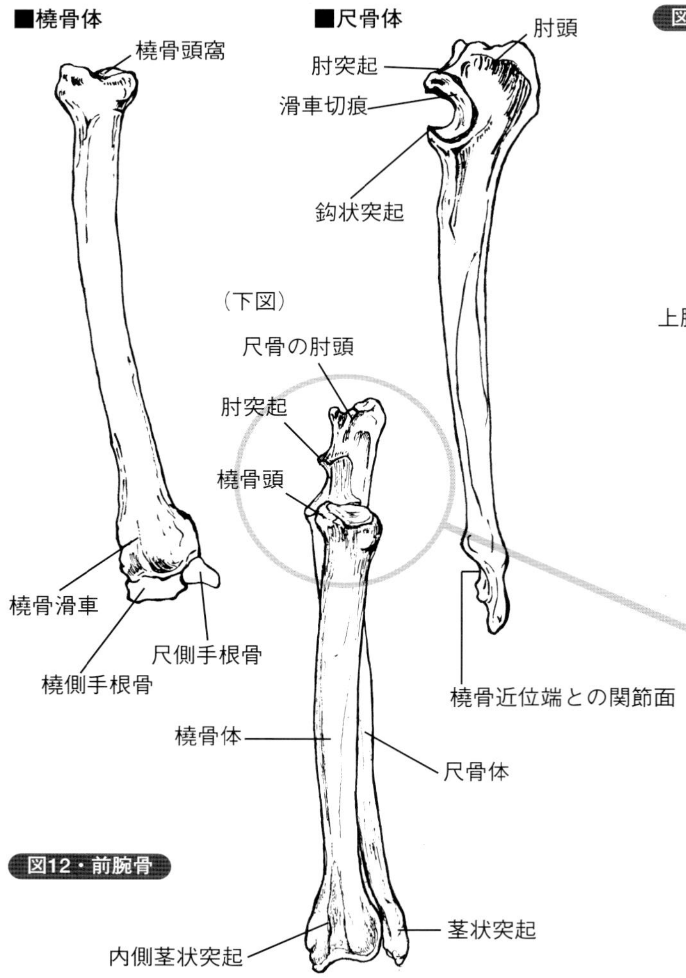

図12・前腕骨

図13・肘関節
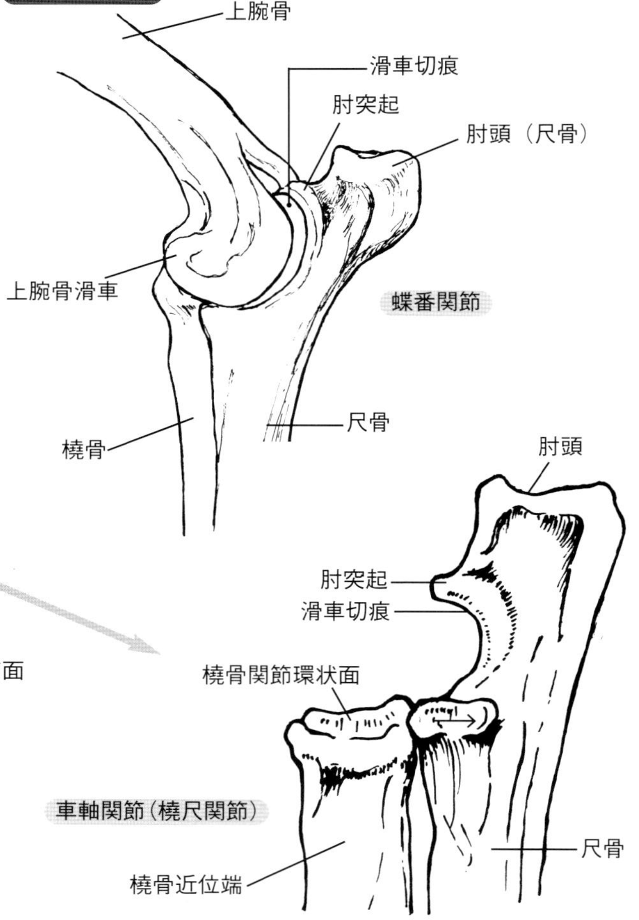

節しています。＜図12＞

後外側に位置する尺骨は、その上端に「肘頭《ちゅうとう》」を持ちます。肘頭はコブのように隆起しており、肘の先端を形成し、上腕三頭筋の終結点でもあります。前縁には「肘《ちゅう》突起《とっき》」を持ち、肘突起から湾のように形づくられた「滑《かっ》車切痕《しゃせっこん》」に上腕骨滑車を納めます。後縁には「鈎状突起《こうじょうとっき》」を持ちます。＜図13＞

前腕骨は上腕骨と深い関わりを持ちます。上腕骨の骨幹部は外にねじれがあり、橈骨もそれを受けてわずかなＳ字状を呈します。しかし、ミニチュア・シュナウザーの前腕部は、どの角度から見ても真っ直ぐでなければなりません。よく引き締まった肘から送られる前肢は真っ直ぐで、二線上に平行に足跡が置かれています。

前腕骨の下には、石垣のように多角形の短い骨が積まれ、「手根骨」と呼ばれています。人でいう手首の部分です。人も犬も、手首には豆状の丸く突き出た骨があるのが特徴で、「副手根骨《ふくしゅこんこつ》」と呼ばれています。犬は「橈《とう》側手根骨《そくしゅこんこつ》」と「中間手根骨《ちゅうかんしゅこんこつ》」が癒合《ゆごう》して「中間橈側手根骨」をつくり、上列に３、下列に４、計７個の骨を形成します。これらの骨が複雑に関節し、手関節をつくっているのです。手関節は短くつくられることを理想とし、

図14・手根骨
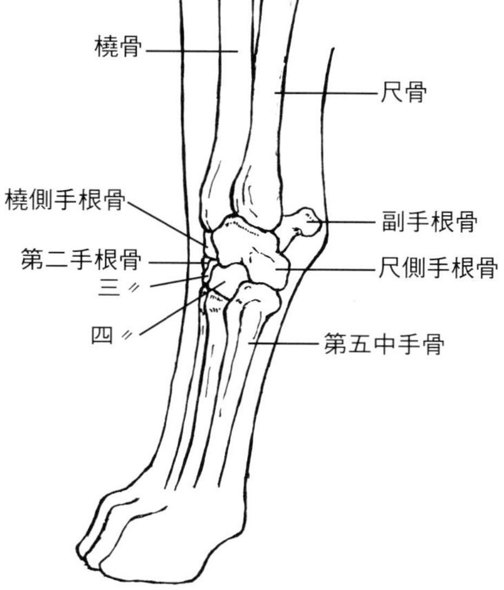

図17・大腿骨

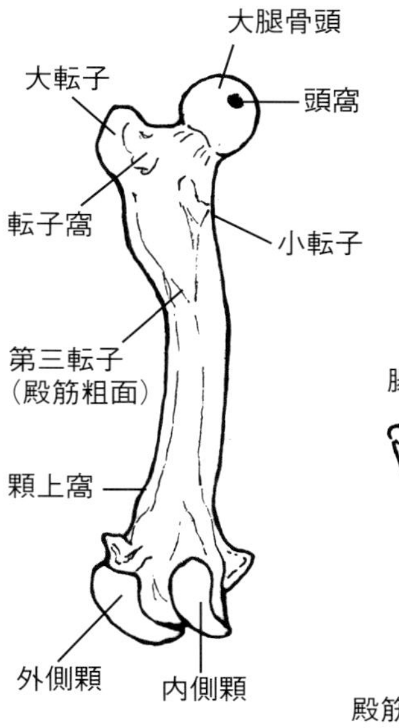

図15・寛骨

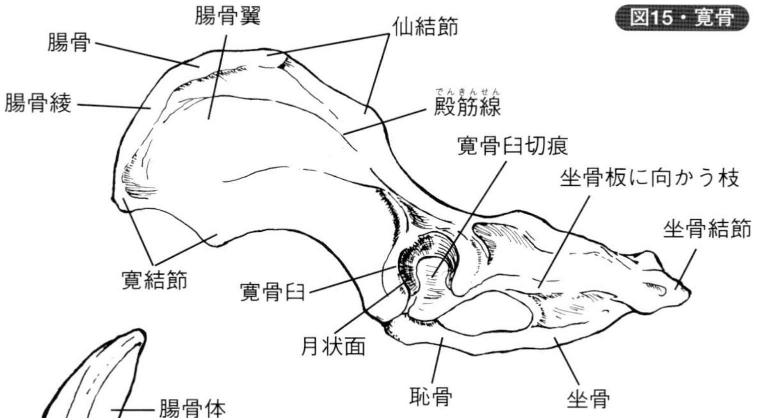

図16・骨盤

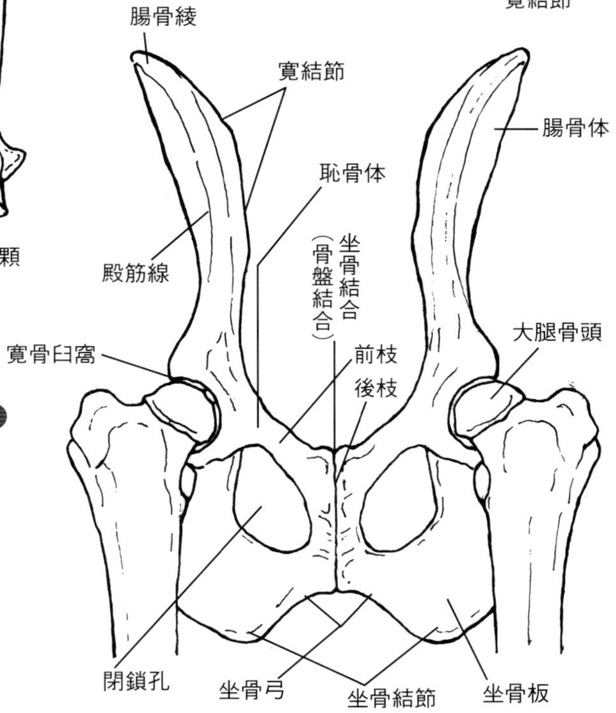

臼状関節（股関節）

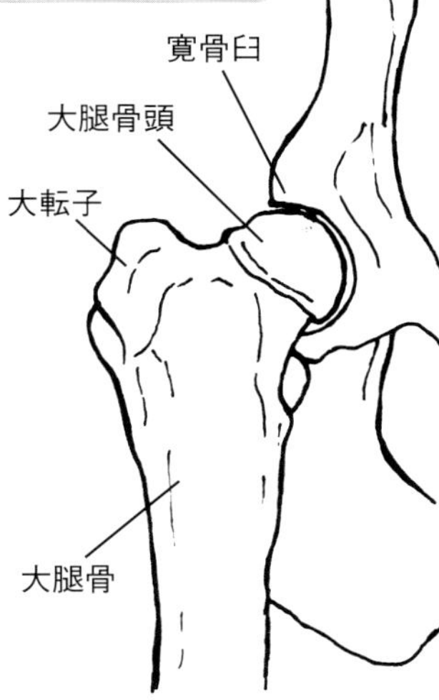

中手骨の角度が下降することを防ぎます。＜図14＞

スピードが求められるミニチュア・シュナウザーにとって、ダウン・イン・パスターンは最も望ましくないことです。正確な前腕部を持ったミニチュア・シュナウザーの前肢は、第三、第四中手骨の中間点を指軸が指します。犬の中手は第一～第五中手骨から構成され、母指列である第一中手骨は短く退化し、内側に高く位置しています。指骨は、「基節骨《きせつこつ》」、「中節骨《ちゅうせつこつ》」、「末節骨《まっせつこつ》」から構成され、内側の第１指には中節骨がありません。従って２本の骨で形成されています。基節骨も中手骨と癒合されているため短くなっています。指底部には１つの「掌肉《しょうにく》球《きゅう》」と４つの「指肉球《しにくきゅう》」があり、弾力性に富んで厚く、形状は猫趾型であることが要求されています。

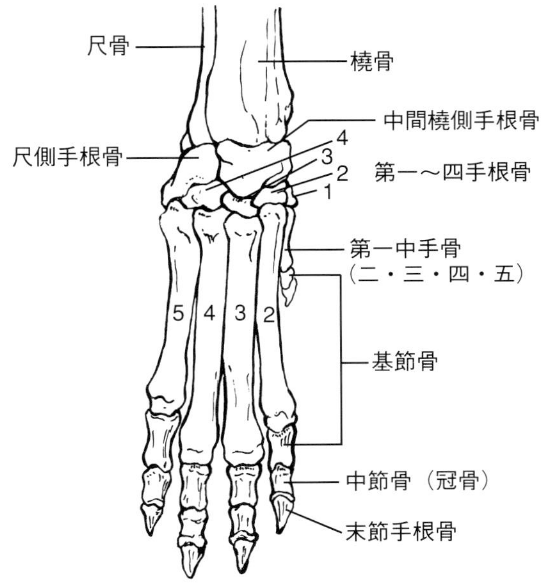

もう一方の体肢骨格である後肢帯は、「寛骨《かんこつ》」、「大腿骨《だいたいこつ》」、「下腿骨《かたいこつ》」、「足根骨《そくこんこつ》」、「中足骨《ちゅうそくこつ》」、「趾骨《しこつ》」から構成されています。

寛骨は、「腸骨《ちょうこつ》」、「恥骨《ちこつ》」、「座骨《ざこつ》」の３骨で構成され、「寛骨臼《かんこつきゅう》」で接合します。３骨は初め軟骨で結合され、生後５～６ヶ月になると骨化現象が完了して、それぞれの境界は不明瞭となって１骨を形成し、寛骨となります。＜図15＞　左右の寛骨は「骨盤結合《こつばんけつごう》」で結ばれ、「骨盤《こつばん》」を形成します。この左右の結合線を「腹位正中《ふくいせいちゅう》

図18・下腿骨

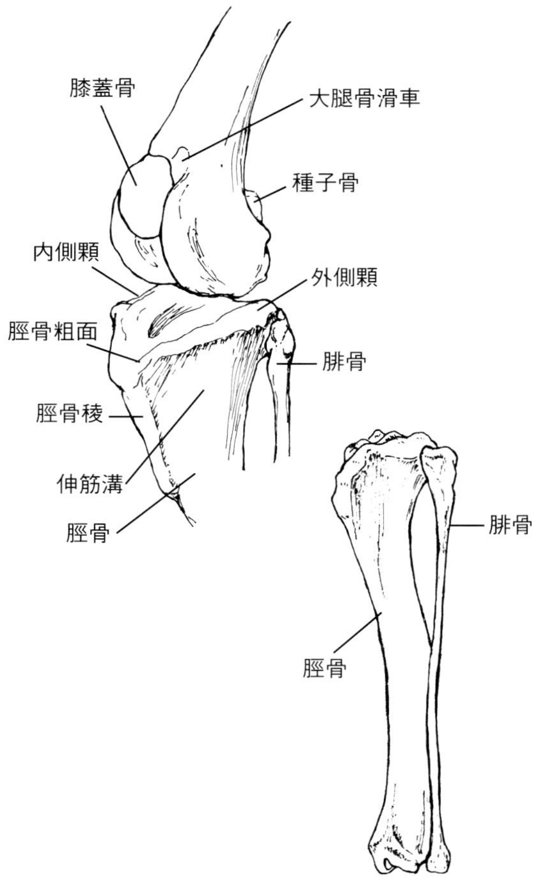

図19・足根骨

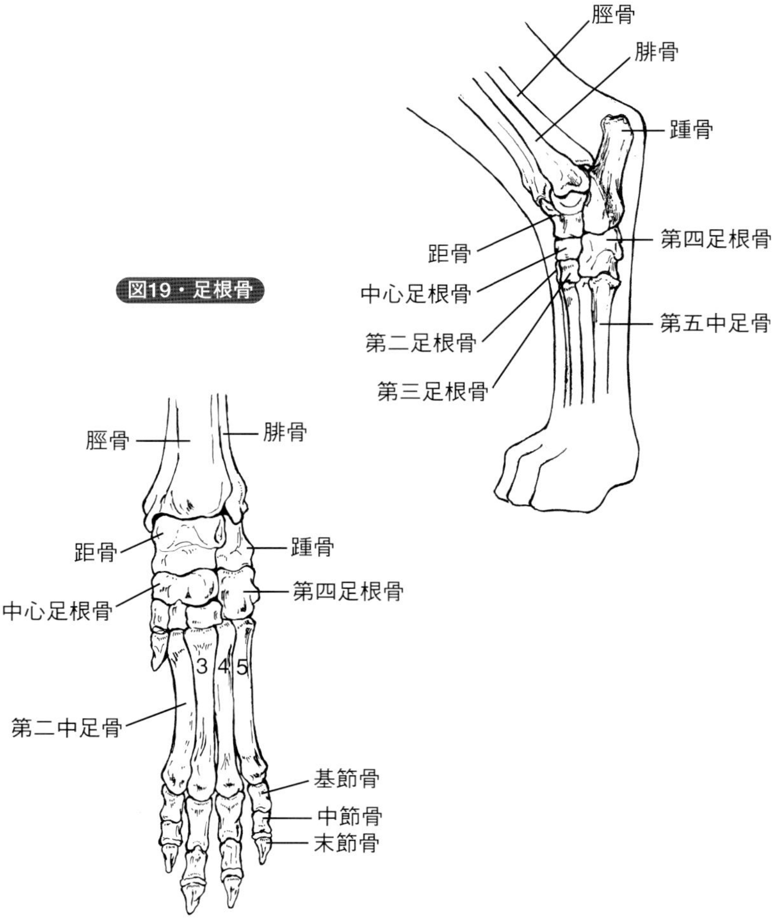

線《せん》」といいます。＜図16＞

寛骨は歩様時の推進力を得るために重要な骨で、後肢によって得られた推進力を水平に前肢へ伝達する働きをします。正確な付着角度が求められており、歩様時には全ての犬種において“寛骨上の十字部の上下動があってはならない”とされています。ミニチュア・シュナウザーにおいても同様で、いかなる場合も上下動を示さないことが要求され、そのためには「仙骨《せんこつ》」と「仙腸関節《せんちょうかんせつ》」でしっかりと結合した、ゆるぎない寛骨を持つ必要があります。

寛骨を構成するそれぞれの骨の中で、腸骨は最大で、前背側を占めています。前位に板状の「腸骨翼《ちょうこつよく》」を持ち、前縁には「腸骨稜《ちょうこつりょう》」を持ちます。腸骨の後内位には鍵状の恥骨があり、恥骨体は寛骨臼の一部を形成しており、「恥骨結合《ちこつけつごう》」によって他の骨と結合し、骨盤の形成をつかさどります。恥骨の後位には「座骨」があり、座骨体は寛骨臼の形成に参加し、「座骨結合《ざこつけつごう》」によって恥骨結合と共に骨盤の形成のために結合しています。恥骨及び座骨は「孔《こう》」を囲み、孔は閉鎖膜で閉じられているので「閉鎖孔《へいさこう》」と呼ばれています。

寛骨臼で関節する大腿骨の肩端部は半球状の骨頭部で、内側には「円靭帯《えんじんたい》」によって寛骨臼と結ばれる「大《だい》腿骨頭窩《たいこつとうか》」があり、転子窩《てんしか》を構成するために、外に殿筋の終止点でもある「大転子《だいてんし》」、下方に「小転子《しょうてんし》」と呼ばれる隆起部があります。骨幹部は太く円柱状であり、長骨の中で最も大きいといわれています。＜図17＞

下腿骨は、外側に「腓骨《ひこつ》」、内側に「脛骨《けいこつ》」の二重構造で構成されます。＜図18＞

強度と弾力を得るためには、前腕骨と同様に、ちょうど自転車のスポークのような役割をするこの二重構造が必要なのです。ミニチュア・シュナウザーは強い推進力を必要とされていますが、わずかに長い下腿骨を持つことによって膝の角度が深くなり、よりいっそうの推進力が生まれるのです。下腿骨は寛骨の長さに比例するといわれ、そのために寛骨の角度は30度が理想的だともいわれます。

脛骨は「膝窩切痕《しつかせっこん》」で区分された「外側顆《がいそくか》」と「内側《ないそく》顆《か》」を持ち、これらは膝関節を形成します。ここには、数種の筋肉が通るための「伸筋溝《しんきんこう》」が見られます。腓骨は肥厚した肩端に「腓骨頭《ひこつとう》」を持ち、脛骨の外側顆と腓骨頭関節面で関節します。大腿骨と下腿骨の関節部には膜性骨《まくせいこつ》で種子骨として最大といわれる「膝蓋骨《しつがいこつ》」があります。これは卵型で、歩様時には滑車溝を上下動します。

飛節部を構成する足根骨は、短小の７個の骨で成り立ち、足関節で結合しています。＜図19＞「距骨《きょこつ》」、「踵骨《しょうこつ》」、「中心足根骨《ちゅうしんそくこんこつ》」、「第一足根骨」～「第四足根骨」の計７個で、３列に配列されています。距骨は脛骨と関節して、中心足根骨との間に「距骨頭《きょこつとう》」を発達させます。足根骨のうち最大の踵骨は「踵骨隆起《しょうこつりゅうき》」を持ち、アキレス腱の終止部でもあります。トリミング時などの犬体チェックの時に飛節位置の確認をする、突出した骨です。中足骨や趾骨は、中手骨、指骨と全く同じ構造につくられています。

犬は歩様時に指と趾先《しせん》を着地する“趾行動物《しこうどうぶつ》”です。後肢の第１趾は退化し、ほとんどの犬体にはありませんが、マウンテン・ドッグなどは２個の「狼爪《ろうそう》」と呼ばれる趾を持ち、特徴としています。ミニチュア・シュナウザーの指先形状は、中庸のスピードと耐久性を持つ猫足型が良く、パッドと呼ばれる肉球も黒く厚く、色素のあるものでなければなりません。

犬は平均して318本の骨を持ちますが、それぞれの骨は連結し、骨格を構成しています。連結は「線維性連結《せんいせいれんけつ》」、「軟骨性連結《なんこつせいれんけつ》」、「滑膜性連結《かつまくせいれんけつ》」に分類され、前記の２つは「不動結合《ふどうけつごう》」、滑膜性連結のみ「可動結合《かどうけつごう》」で、これが関節と呼ばれる結合です。

関節部の構造は「関節頭《かんせつとう》」と「関節窩《かんせつか》」を持ち、関節面の両骨端は「関節軟骨《かんせつなんこつ》」で覆われています。表面は２層からなる「関節包《かんせつほう》」で包まれ、関節する両骨間は「関《かん》節腔《せつくう》」が置かれています。

関節は、運動軸の数、形態、関節の構成に加わる骨の数などにより分類されます。ここでは形態分類を述べておきます。

■関節の形態分類

球関節・・・・肩関節に代表される三軸性関節で、運動範囲が最も広く、関節頭と関節窩は半球状で関節する

臼状関節《きゅうじょうかんせつ》・・・股関節に代表される三軸性関節で、球関節に属する。関節窩は深く骨頭が深く納まり、肩関節より運動は制限される

蝶番関節・・・肘関節に代表される一方向に運動する一軸性関節

顆状関節《かじょうかんせつ》・・・環椎後頭関節《かんついこうとうかんせつ》に代表される二軸性関節で、骨頭と関節窩は楕円を示し、その長軸と短軸で運動する

鞍関節《くらかんせつ》・・・・顎関節《がくかんせつ》に代表される二軸性関節で、関節面は鞍のような形をし、運動面が広い

平面関節・・・椎間関節《ついかんかんせつ》に代表され、関節を包み骨が離れないようにしている関節包は短く平面で、靭帯で強く結合する。運動範囲は狭い

車軸関節・・・橈尺関節《とうしゃくかんせつ》に代表される一軸性関節で、関節面は骨の長軸に沿ってある。従って、運動は骨の長軸の周囲で行われる

最後になりましたが、頭蓋について述べましょう。平均数50個の骨からなる犬の頭蓋は、犬種によってさまざまな形態を示しています。基本的な構造や骨の数は同じにしても、体型の違いから頭蓋も特徴を表わしています。頭部形状は大きく３タイプに分類され、骨頭形状分類では11のタイプに分類されています。ミニチュア・シュナウザーの頭蓋は、中頭形のテリア型につくられています。このタイプは、スカル・ラインとマズル・ラインがやや平行に置かれ、ストップははっきりとしません。基底部も18cmくらいにつくられています。

頭蓋によって構成された頭部は、いわばその種の象徴で、人は頭部を見てその種を判別します。頭蓋を構成する多くのパーツのそれぞれの位置や形状は、種によって異なり、その種属的な特徴を表現しているからです。

頭蓋骨の構成は頭部の形状を左右し、重要な大・小脳を管理し、全てをコントロールする中枢であるので、犬

の性格や性質とも関わりを持ちます。頭部形状は背面と側面の長短によって表わされ、頭頂部中央に「外矢状稜《がいしじょうりょう》」が発達し、前方に二分し「眼窩側頭稜《がんかそくとうりょう》」をつくり、「頬《きょう》骨突起《こつとっき》」に伸びています。「頭頂骨《とうちょうこつ》」は四角形の偏平骨で、「後頭骨《こうとうこつ》」に接合します。「側頭骨《そくとうこつ》」は外面に頬骨突起があり、「頬骨弓《きょうこつきゅう》」を形成しています。背面は「前頭《ぜんとう》骨《こつ》」、「鼻骨《びこつ》」、「切歯骨《せっしこつ》」で構成され、側頭骨の前位に「蝶形骨《ちょうけいこつ》」があります。その他、「上顎骨《じょうがくこつ》」、「下顎骨《かがくこつ》」、「翼状骨《よくじょうこつ》」、「涙骨《るいこつ》」、「鋤骨《じょこつ》」、「頬骨《きょうこつ》」、「口蓋骨《こうがいこつ》」などから、頭蓋は構成されます。＜図20＞

犬体全体を説明してきましたが、各々の骨は何らかの目的を持って存在しており、それゆえに、その骨の存在目的に適う角度や理想の骨格、役割が何であるかを知るべきだと思います。

骨格はその犬体のタイプを表現します。従って、その種の骨格構造がどのような組み合わせになっているかを、スタンダードに照らし合わせてとらえることが必要です。すべての種において、良い骨格構造は、運動を効率的に行うために重要なのです。

（6）主な筋肉の作用

筋肉を分類すると「横紋筋《おうもんきん》」、「心筋《しんきん》」、「平滑筋《へいかつきん》」に大別されますが、さらに形状や作用などによっても分類されています。心筋と平滑筋は「不随意筋《ふずいいきん》」ですので、犬の動きに直接的に関わるものではありません。犬が動くため、あるいは美容を施すために必要とされる筋肉は「横紋筋」の分類上では「骨格筋《こっかくきん》」でありますので、それらの筋肉の作用と部位についてまとめてみましょう。

まず、皮下には薄く強い「皮筋《ひきん》」があり、犬の胴体の表面部分を覆っています。これらは犬のタイプに影響するものではありませんが、その一つであるフライシェーカー（体幹皮筋）と呼ばれるごく薄い繊維層は、美容上必要とされる重要なポイントを示すことになります。これは犬の皮膚の下に置かれ、皮膚を動かす作用を持ちます。この層は、下方、前方に斜走していますが、前後2ヶ所で体から離れ、ひだ（弛み）を形成しています。腋下と鼠径部《そけいぶ》（タック・アップ）の2ヶ所です。

「広頸筋《こうけいきん》」は唇・耳・皮膚などを動かすために頸を覆っています。その他に「顔面皮筋《がんめんひきん》」、「前頭皮筋《ぜんとうひきん》」などがあります。

図20・頭蓋骨

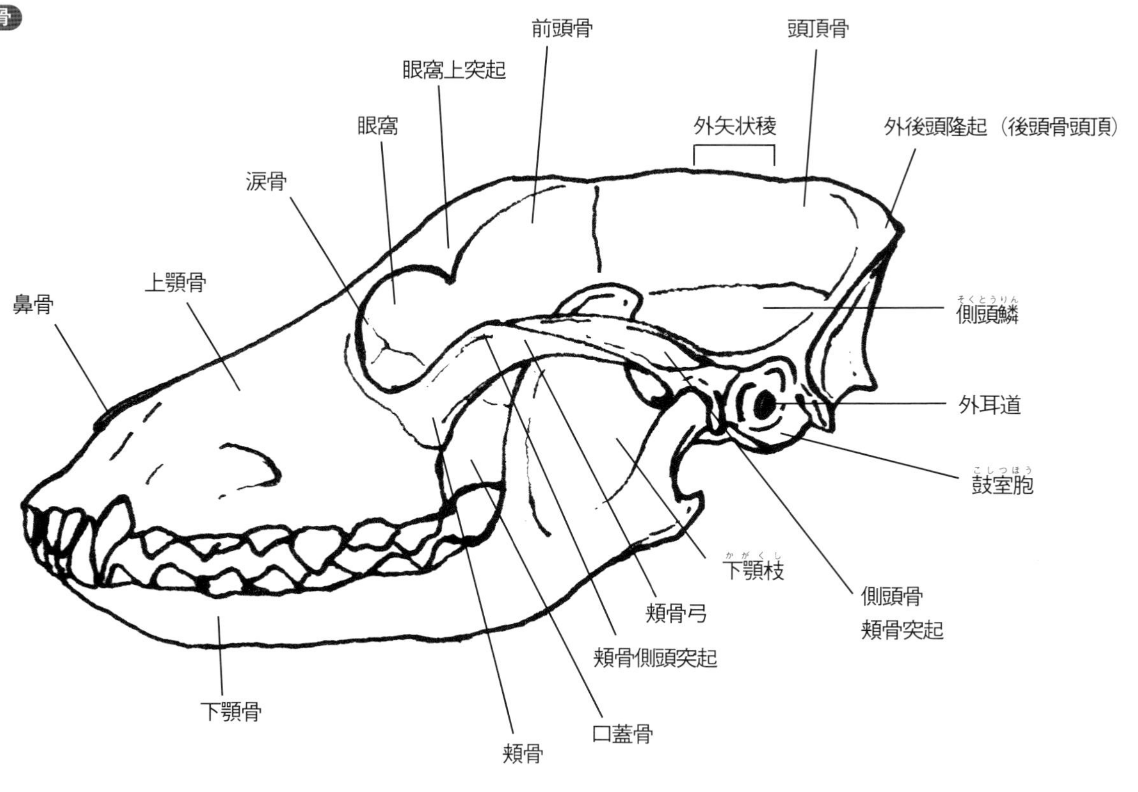

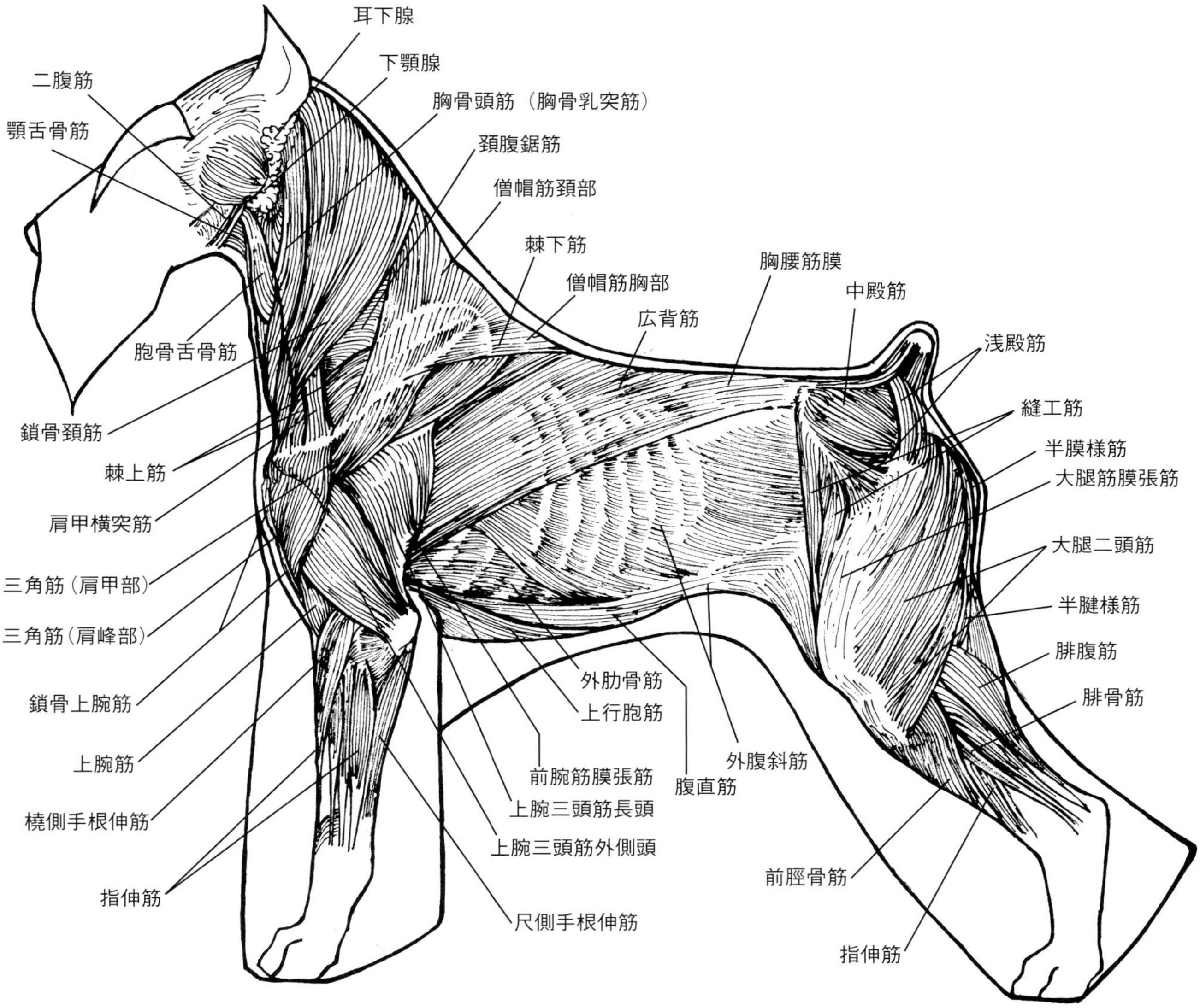

■体軸骨格にある筋肉

口輪筋《こうりんきん》・・・・・・・口唇周囲の筋肉で、口唇の皮下にある。口を閉じる作用

咬筋《こうきん》・・・・・・・頬骨より下顎骨の外側に至る。口を閉じる作用

顎舌骨筋《がくぜつこつきん》・・・・・下顎の臼歯内側から舌突起に終止する。舌骨を上げる作用

二腹筋《にふくきん》・・・・・・下顎骨の後縁、翼突筋《よくとつきん》の内側からなり、下顎を後方に引く役割を持つ

胸骨頭筋・・・・・胸骨端より側頭骨乳突起に至る。頭部の上下動、左右への動き

下上顎骨二腹筋《かじょうがくこつにふくきん》・・後頭骨より下顎後縁、内面に至る。口を開いたり、下顎を後方に引く作用

棘上筋《きょくじょうきん》・・・・・・頭を伸ばしたり傾ける作用

半棘筋《はんきょくきん》・・・・・・頚椎より後頭骨に至る。頭を伸ばしたり傾ける。頭を固定する作用

頚最長筋《けいさいちょうきん》・・・・・頭と頚を持ち上げる作用

胸最長筋《きょうさいちょうきん》・・・・・腸骨又は仙骨により第７頚椎、肋骨までに至る。背の伸展、屈曲を行う作用

棘筋《きょくきん》・・・・・・・・第十三胸椎・腰椎・仙椎から、それらの棘突起へ至る。背の伸展、屈曲の作用

大鋸筋《だいきょきん》・・・・・・第一～七肋骨の指状突起、頚椎下部により肩甲骨側縁へ至る。吸収の際、肩と肋骨の間を広げる作用

僧帽筋（頸部・胸部）・・肩甲棘、胸椎棘《きょうついきょく》より肩甲骨上部に至る。肩を持ち上げたり前後移動を行う作用

広背筋《こうはいきん》・・・・・・・第六胸椎などより上腕骨内側下、または腕の筋膜に付く。腕を支える。ボディを前方へ移動させる

大胸筋・・・・・・・胸骨端より上腕骨の中下部につながる。前肢の内・外転、前肢を曲げる作用

三角筋・・・・・・・肩関節を曲げたり上腕の外転に作用し、肩峰より上腕骨の外側につながっている

棘上筋《きょくじょうきん》・・・・・・・肩甲骨より上腕骨大結節の内側に付き上腕骨の伸展に関わる

大殿筋《だいでんきん》・・・・・・・仙椎、尾椎より大転子大殿筋膜《だいてんしだいでんきんまく》に至る。大腿部の外転、膝の外旋

中殿筋《ちゅうでんきん》・・・・・・・腸骨稜より大転子外側に付いて、骨盤が固定された場合は大腿の外転や伸展に関わり、大腿骨が固定された場合は骨盤を動かす

■体肢骨格の筋肉

上腕二頭筋・・・・・烏口突起の基底部から橈骨の二頭筋粗面に付着する。さらには、尺骨の粗面に小さく付いて前肢の屈曲に関わっている

上腕三頭筋・・・・・この筋肉は前肢の伸展に関わるが、それぞれ長頭・外側・内側・後頭により付着点が異なる

橈側手根伸筋・・・・上腕骨外側より外側の中手骨に付く。手首を伸展させる作用

尺骨手根伸筋・・・・上腕骨外側より中手骨外側に付く。手首の伸展などに用いる

大腿二頭筋・・・・・坐骨結節より膝・脛骨頭・趾骨に付く。後肢の屈曲などに用いる

大腿四頭筋・・・・・膝蓋骨より脛骨粗面に付着し、共通する作用は膝の伸展である。直筋、内・外側広筋、関節筋をもって四頭筋を形成する

半膜様筋《はんまくようきん》・・・・・・坐骨結節から２つの腱に分かれ、大腿骨内側上顆、もう一方は脛骨の内側面に付く。膝を曲げる、大腿を伸ばす、下肢を内転させるなどの作用を持つ

半腱様筋《はんけんようきん》・・・・・・坐骨結節より脛骨の内側、前縁に至る。膝を曲げる、大腿を後ろに引く、ボディを前方に出す

腓腹筋《ひふくきん》・・・・・・・大腿骨裏側の腱の中から踵骨隆起に至る。趾の伸展

骨格と筋肉の主要なものについて述べてきましたが、いずれにしても、私たちが犬の被毛というものとの関わりがある以上、その下の組織を知る必要が生じてきます。骨と骨とが関節し、靱帯や腱、筋肉がそれに付着しています。前肢の持つ角度によって皮膚にうねりが現れると、毛流にも変化があるのです。そんな当たり前のことすら気付かずに作業をしているグルーマーもいるかもしれません。とにかく、どんな些細《ささい》なことでも見逃さない眼を持ってください。

Grooming of
Miniature Schnauzer

実践ストリッピング

用具の解説

Grooming of Miniature Schnauzer

1

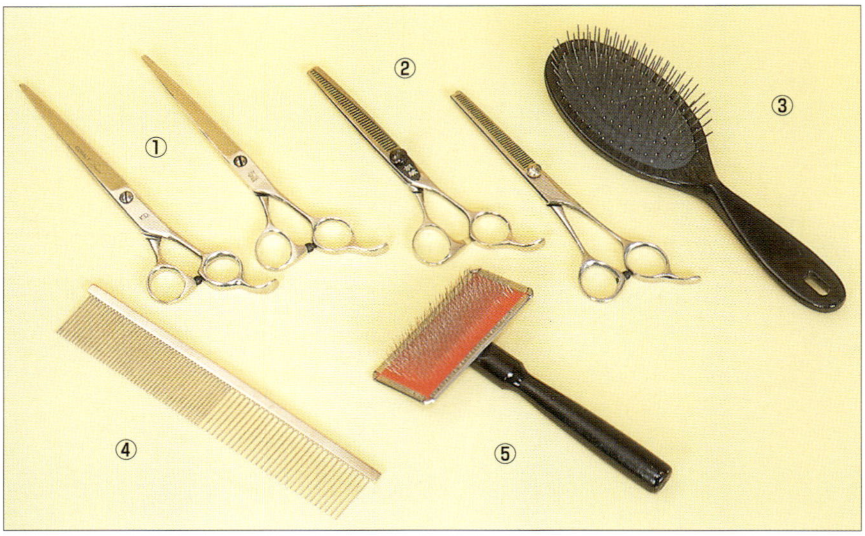

①刈り込みバサミ
シュナウザーのトリミングではハサミを立てて使い、長い直線をカットすることが多いため、刃渡りの長いものを選びます。また、シュナウザーの飾り毛はコシがなく柔らかいため、切れ味の良いものでないとハサミを立てて使う時に被毛が逃げてしまい、しっかりと切りきることができません。

②スイニング・シザー（スキバサミ）
ブレンディングに使います。プラッキングされた硬いコートでもスムースな開閉で作業できるよう、切れ味の良いものを選びます。また、柄は長めの方が小さな力で作業できます。

③ピンブラシ
タウェリング後の被毛の開立に使います。濡れた被毛に直接使うため、柔らかすぎるピンではしっかり被毛に入らず、硬すぎてもいけません。適度なものを選びましょう。

④コーム
できるだけ軽いもので、静電気が起こらないようピンのコーティングがしっかりしたものを選びます。

⑤スリッカー
ブローイングや、トリミングで眉を整える時などに使います。ソフトタイプのものを選び、ピンは密過ぎず、粗過ぎないものにします。

2

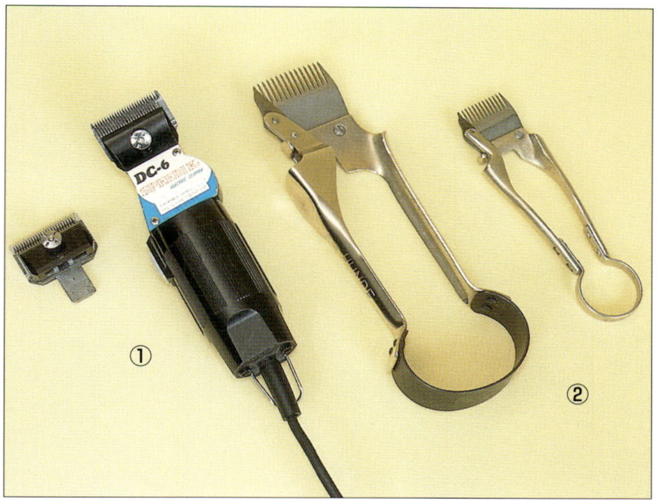

①エレクトリック・クリッパー
シュナウザーでは主に１～２mmの刃を使用します。

②ハンド・クリッパー
大きさによって種類が分かれており、大きいものの方が扱いが容易です。エレクトリック・クリッパーではきれいに刈れ過ぎてしまい、テリア独特のナチュラルさに欠けるため、あえてハンド・クリッパーを使いナチュラルに仕上げることもあります。

3

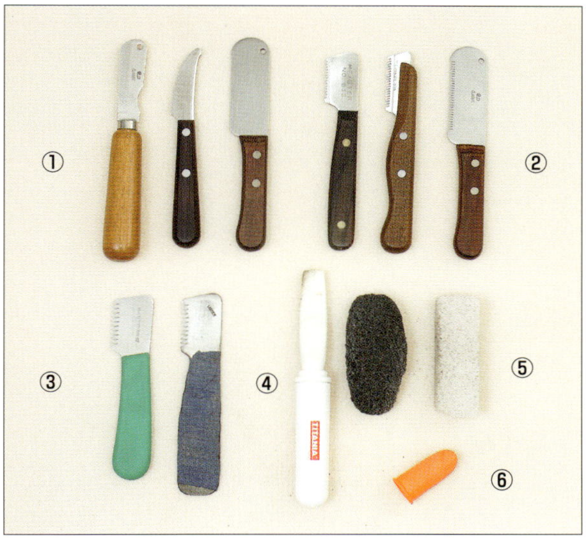

①ファイン・ナイフ
細目のナイフのことで、シュナウザーでは主にアンダー・コート用として使います。ショート・コートの時期や細いコート部分に適しています。微妙なコートの長短や密度、犬体部位により、適切な形状のナイフを選択します。

②ミディアム・ナイフ
中目のナイフのことで、シュナウザーでは主にアンダー・コート用として使います。ショー・コンディションにあるコートやファイン・ナイフではアンダー・コートに刃が届かなくなった時に使用します。微妙なコートの長短や密度、犬体部分により、適切な形状のナイフを選択します。

③コース・ナイフ
粗目のナイフのことで、シュナウザーでは主にアウター・コート用として使います。ストリッピングからショー・コンディションに至るまでのデス・コートの処理やトリミングに使用します。刃が大きく、切れ過ぎないものが適しています。

④かかとすり
人間用かかとすりで、ナイフの代わりとしてストリッピングに使います。皮膚を傷付けることがないので初心者に向いています。

⑤軽石
軽石は目の細かいものを選び、適当な大きさに切って使用します。用途はアンダー・コートやアウター・コートの処理、ブレンディング部の仕上げと多く、アンダー・コートではファイン・ナイフでも処理できない細かいコートや頭部に適しており、アウター・コートではナイフ使用後の仕上げに使います。ブレンディングにおいてもスイニング・シザーを使用した後に仕上げとして使います。

⑥指サック
ナイフや軽石を使用するときに親指にはめて使います。シュナウザーのコートはとても切れやすく、力を入れると途中で切れてしまいますが、指サックを使用すると摩擦が増し、小さな力で抜くことができます。

ナイフの握り方

Grooming of
Miniature Schnauzer

1 プラッキングを行う時

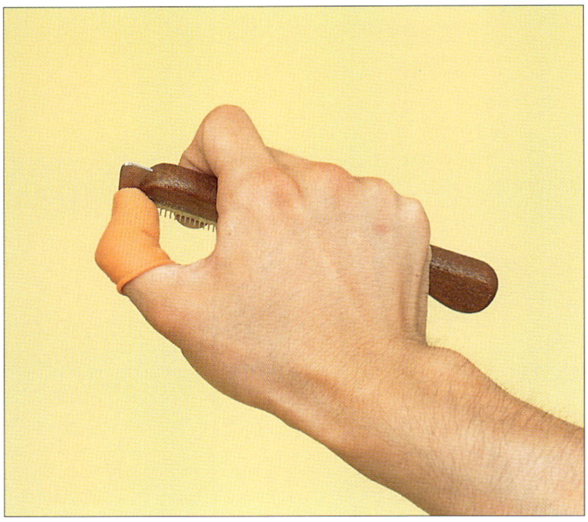

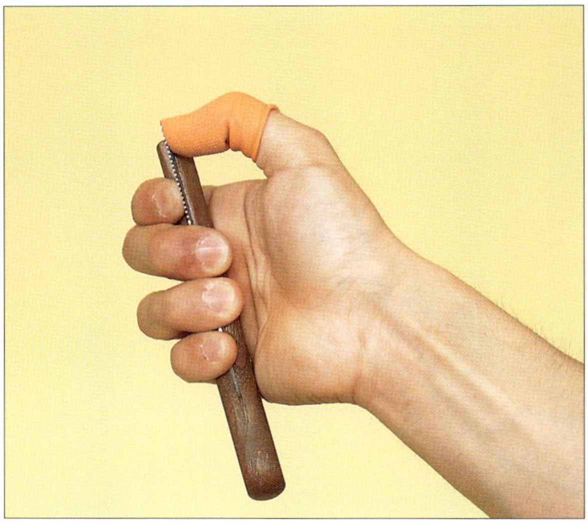

手のひらを開いた状態で、小指の第２関節部と人差し指の第１関節の上に乗るようにナイフを置きます。
ナイフを親指の方へ巻き込むように、指を当てます。
親指の先端を、ナイフの刃先に直角になるように当てます。つまんだ被毛を逃がさないためです。親指の腹で被毛を押さえると、ナイフの刃と親指との間に緩みが生じてうまく引き抜くことができません。

2 レーキングを行う時

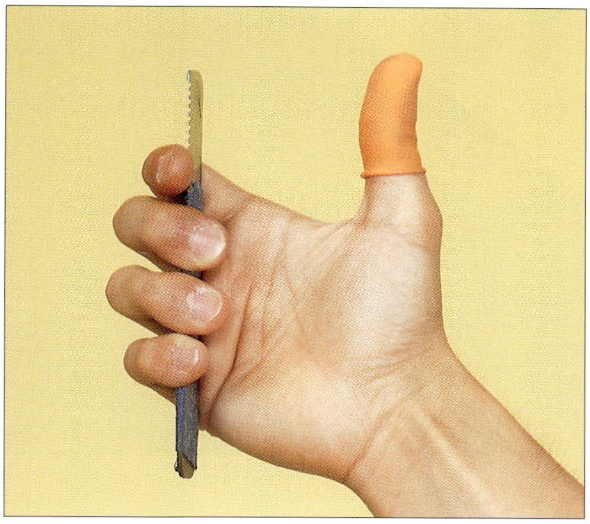

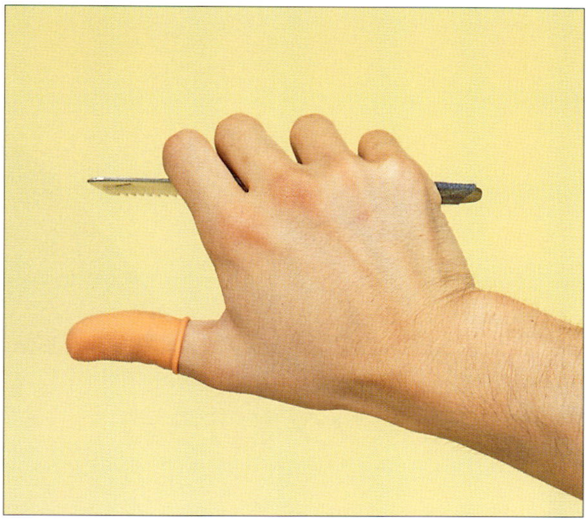

ナイフの握り方はプラッキングと同じですが、ナイフの刃と親指は平行にあります。

3 アンダー・コートの除去を行う時

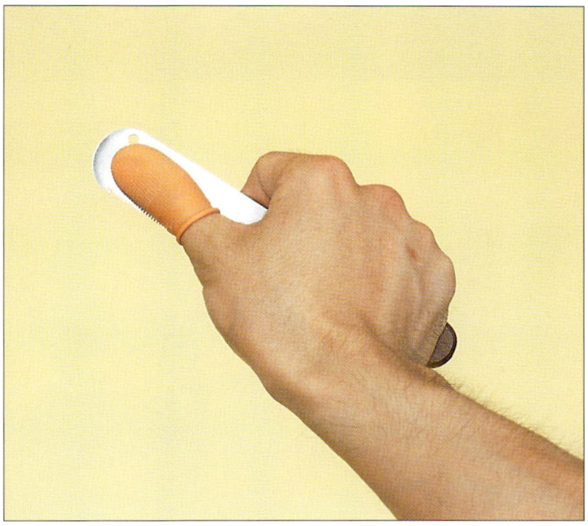

ナイフの刃に親指全体を当てます。
ナイフの刃は犬の皮膚に平行に当て、親指全体を使って力加減をコントロールします。

ナイフの使い方

Grooming of
Miniature Schnauzer

1 プラッキングを行う時

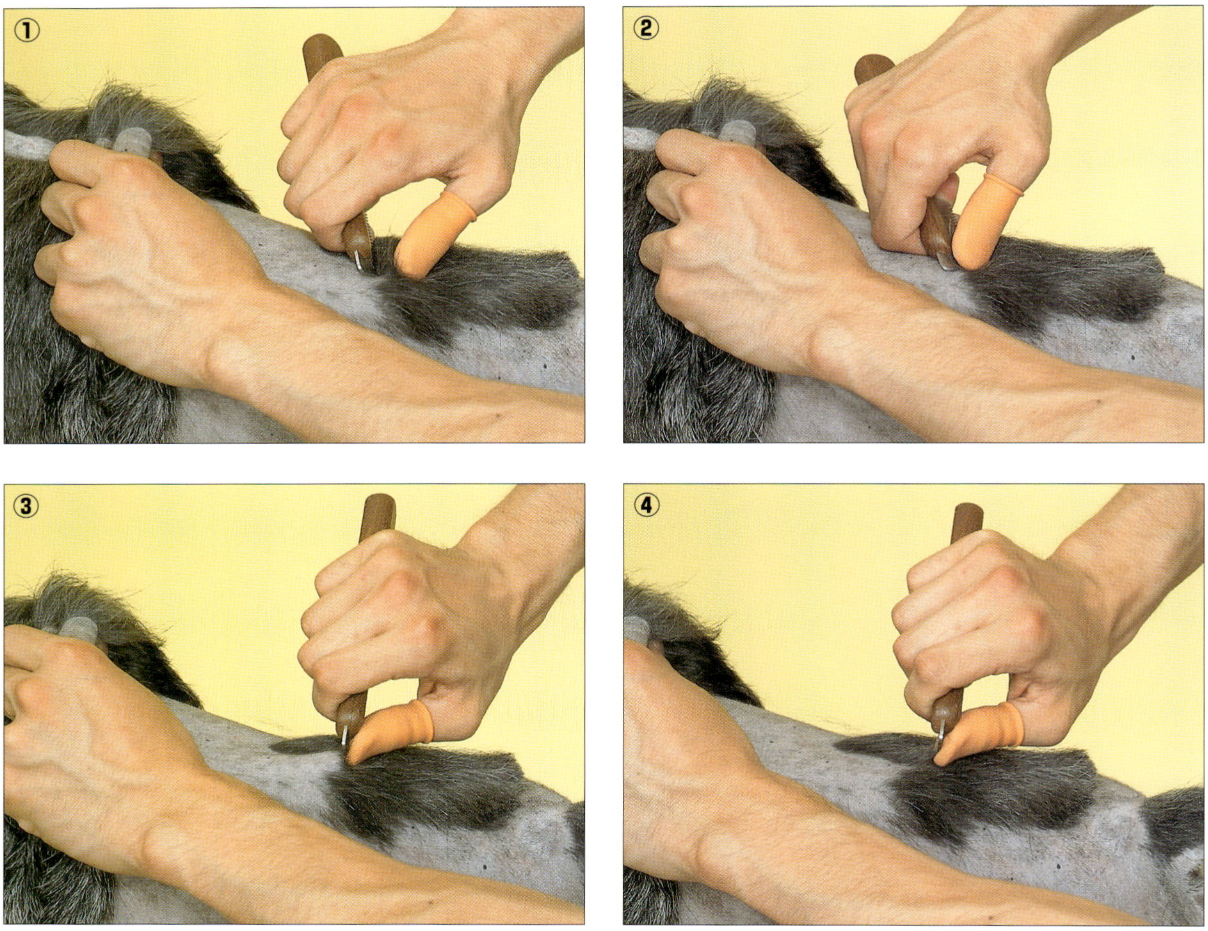

抜こうとする被毛にナイフの刃を直角に当て、被毛の上から親指を当てます。
ナイフを頭部の方へ少し傾け、手首を返して胸元の方へ引きます。この瞬間に力を加えて被毛を引き抜きます。

2 レーキングを行う時

① 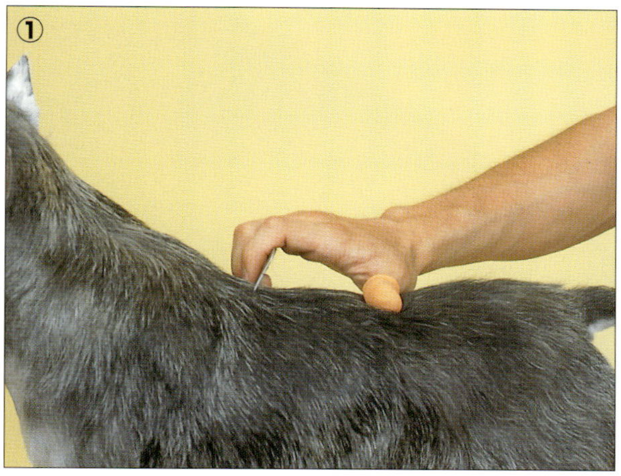

② 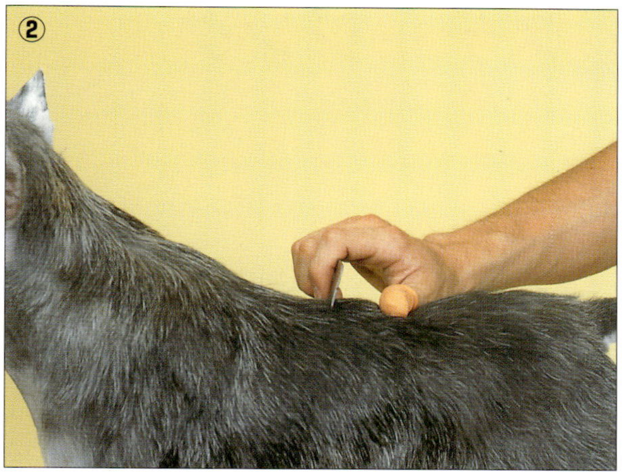

③ 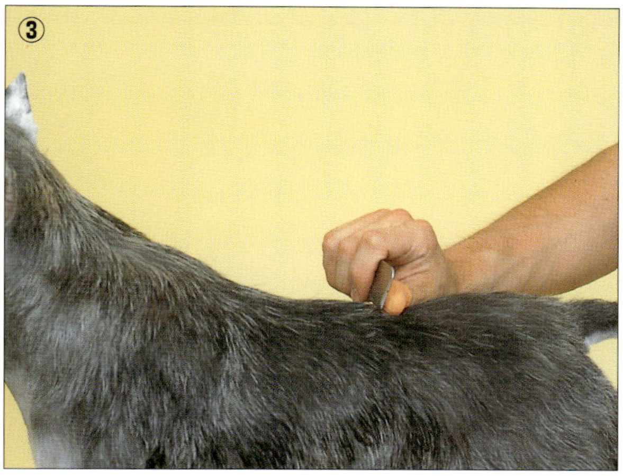

④ 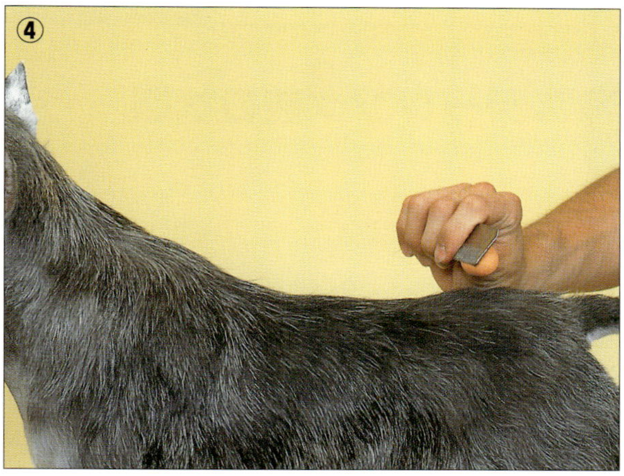

手の甲を広げ、ナイフの刃と親指を平行に置きます。ナイフを親指に引き寄せます。
ナイフの刃が親指に当たる瞬間に軽く力を加え、被毛を抜きます。ナイフと親指の動きを逆にしますと、被毛に穴を開けてしまいますので注意しましょう。あまり力を加えずリズミカルな動作で行ってください。あくまでも、被毛を整えることが目的です。

3 アンダー・コートを除去する時

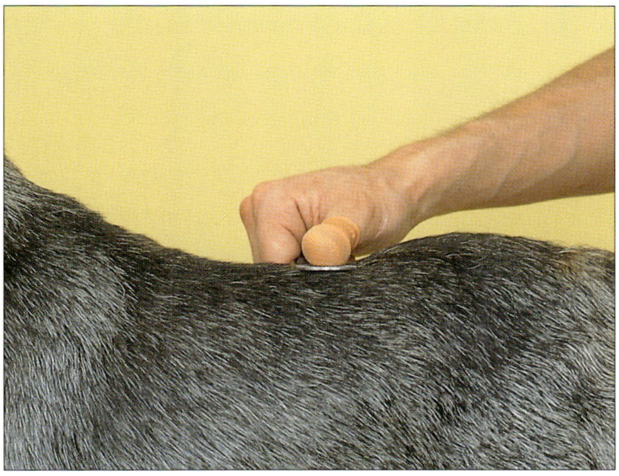

ナイフは皮膚に平行に当て、親指の力加減を調節してアンダー・コートの処理をします。

ステージング

Grooming of
Miniature Schnauzer

ステージング前の状態

ステージングとは、一定の期間を開けてコートを部分的に抜く作業のことをいいます。美しく理想的なアウトラインをつくり出すことを目的としています。犬体に触れ、骨格構成や筋肉の付き方などを確認してその犬の欠点を把握し、ステージングの過程で欠点をカバーし、犬体の長所をさらに引き出すように考えてください。
この状態の時、ファイン・ナイフ、コームなどを使用し、デス・コートやアンダー・コートの処理をします。ステージングの間隔は7〜10日間です。ストリッピングされた皮膚は非常にデリケートですので、ケアを十分に行ってください。

私の場合、犬体により3〜8ステージに分けて行いますが、本書ではベーシックな6ステージで解説しています。

1 第1ステージ　イマジナリーラインの設定

第1ステージは、最終6ステージと同様にたいへん重要なステージです。なぜならイマジナリー・ラインの設定があるからです。ここではベーシックなイマジナリー・ラインのとらえ方を説明しますが、犬体によりイマジナリー・ラインの取り方は異なりますので、ベーシックを理解し、それを応用してください。
イマジナリー・ラインは肘の内側から始まります。指で肘を確認し、腋窩に沿って皮膚を外側へ引き出すと、この部分はタック・アップ同様のひだが現れます。肘の内側よりラインが始まり、ひだの外側を通り第6～7肋骨付近まで緩やかに下降し、第9～10肋骨付近まで緩やかに上昇します。
次に、親指と人差し指でタック・アップを前後になぞると、始まる点と終了する点が確認できます。ラインはタック・アップの始まる点へと結び、タック・アップの周囲を5mmほど残してタック・アップの終了する点へとつなげます。さらにラインは後肢に伸び、大腿骨と下腿骨との関節部の上へ弧を描きながら結ばれ、飛節から3指上の点へと結ばれてイマジナリー・ラインは終了します。

(注) タック・アップは巻き上がりの様子ではいけません。大腿部の弧は、後肢の筋肉の付き方を表現するためにあります。後肢の角度不足などの犬体は、タック・アップから肘までのラインに角度の変化を持たせるなどして工夫してください。

第1ステージを抜いていきます。
オクシパットから始め、頸を約1～1.5指の幅（頸の細い犬～太い犬）で取り、頸の長さやキ甲の3～4指後方までを真っ直ぐに抜きます。この時、真っ直ぐ抜けていないと背線が変わってしまうので、後望して歪んでいないかを確認します。次に、キ甲の後方のポイントからはっきりとした角度を付け、肘に向かって抜きます。肘の延長線上（高さ）で、肘から約2指後方の位置までを真っ直ぐに抜きます。
腰高で尾付きの悪い犬は、腰の部分（十字部）のコートを残しておきます。尾を90度に保った状態で付け根から背側に2～3指分を抜き、そのポイントからラストリブを胸椎へ上げたポイントが縦幅、左右寛骨の幅が横幅で、この4つのポイントを弧で結ぶと十字部に楕円形の部分が残ります。これは、第2ステージで処理します。

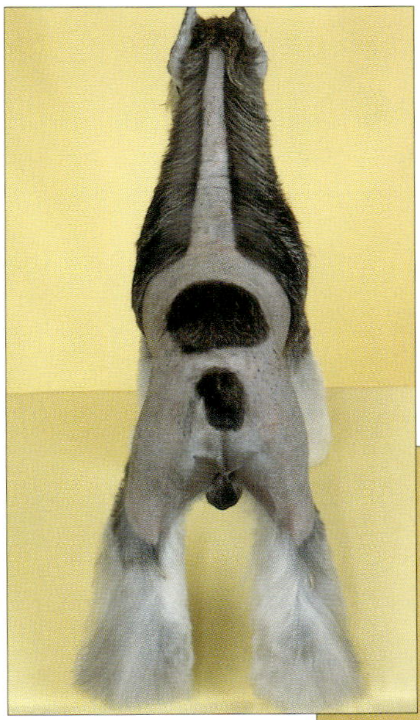

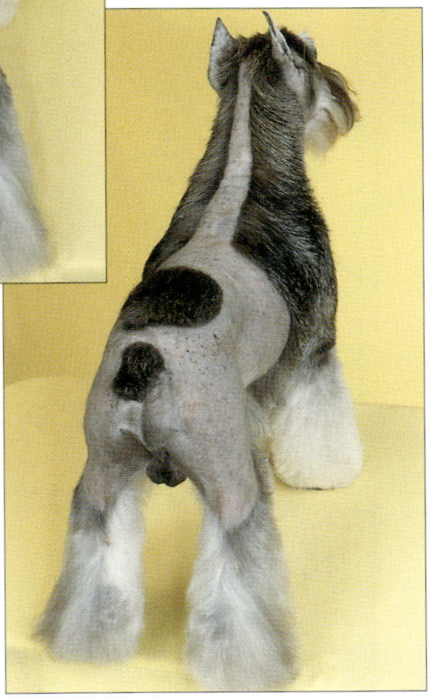

2 第2ステージ

頸と十字部と尾を抜きます。頸は第１ステージで抜かれた幅をさらに広げて、左右５～10mm程にシンメトリーに抜き、キ甲部へとつなげます。キ甲部より肘から１指のポイントへ真っ直ぐにラインを取り、抜きます。大切なことは、左右が対象になるようにライン付けすることです。十字部、尾は毛流に沿って全てのコートを抜きます。

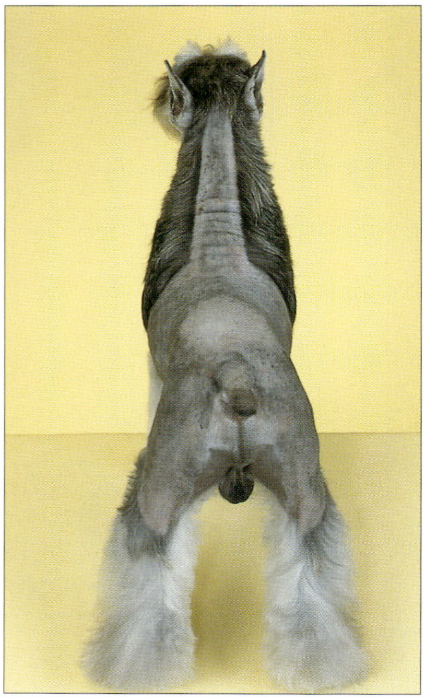

3 第3ステージ

頸は、第２ステージで広げた幅を、シンメトリーを考えて5～10mm程広げます。肩甲骨の背縁を確認し、背縁に沿ってアーチを付け、肘へとラインを下ろしていきます。肘の内側まで深く抜きすぎないように注意してください。歩様時にボディと肘の間が空いて、肘と肋に張りのない表現が生まれてしまいます。耳の後方から肘まで抜く時、頸の太さ、肩、サイド・ボディの凹凸など、さまざまな問題を犬体が示します。従って、ラインは丸みを持つことになります。
この頃には第１ステージでプラッキングされた部分にはアンダー・コートが現れ、また、抜き残した被毛などがデス・コートとなって残っています。ファイン・ナイフ、軽石などで処理します。

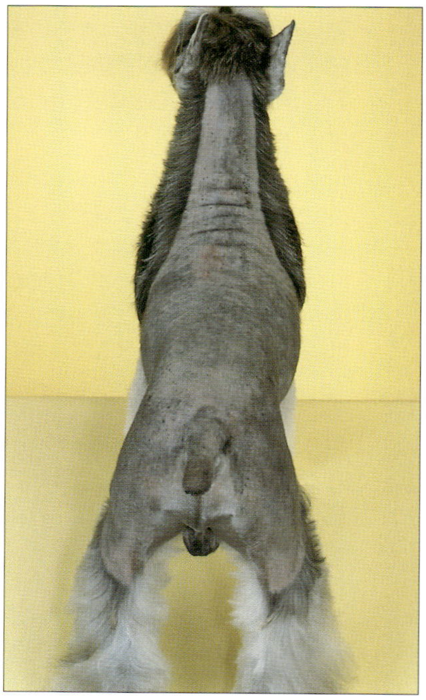

4 第4ステージ

耳の後部付け根から、上腕部までを抜きます。肘より１指分上まで床に平行に抜きます。このライン付けをする時、前肢の長さや胸深のバランスを確認し調整してください。しかし、あくまでも肘のラインは床に平行であること。

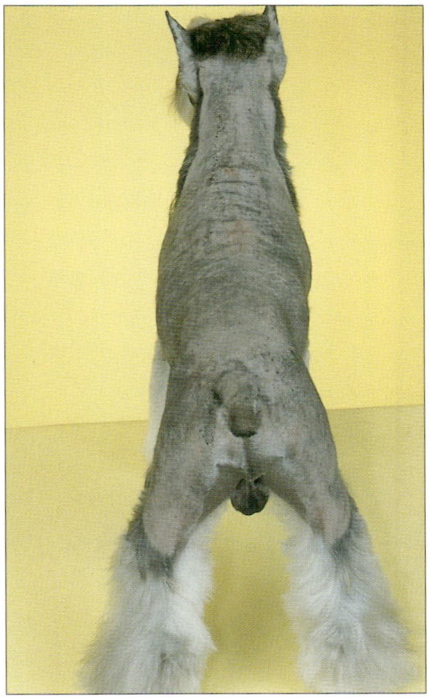

5 第5ステージ

頭部と前胸部を除いてプラッキングをします。ちょうど三日月形のような部分です。サイド・ネックと前胸にかけて毛流は異なりますので、少し抜きづらいと思いますがしっかりとプラッキング作業を行ってください。全体のバランスを考えて、角度、イマジナリー・ラインのチェックをして補正を行ってください。

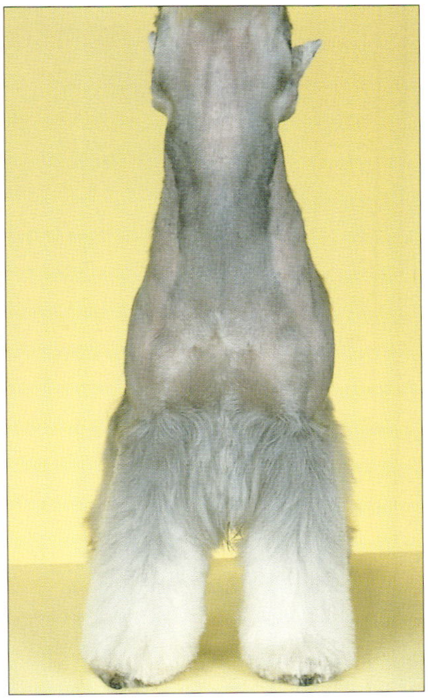

6 第6ステージ

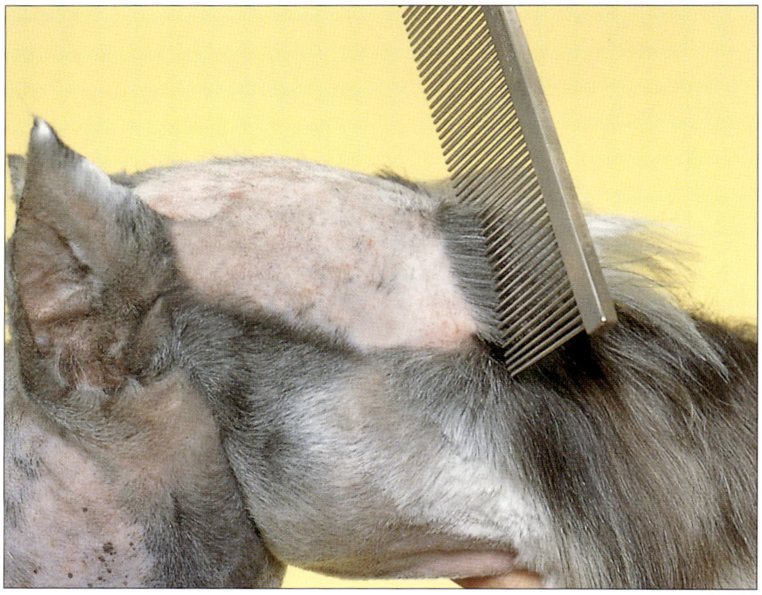

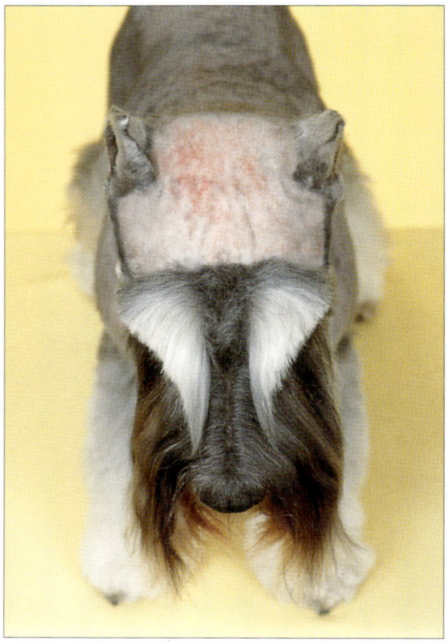

頭部を抜きますが、このステージも第1ステージ同様、非常に重要なステージです。イマジナリー・ラインの設定を考えてプラッキングしなければならないからです。まず、ミニチュア・シュナウザーの頭部形態を説明しておきましょう。
頭部は長方形で、耳から目にかけてわずかに狭くなり、鼻端にかけてマズルはさらに狭くなっています。スカル・ラインとノーズ・ブリッジは平行にあり、ほんのわずかなストップでつながっています。スカルとマズルの対比は10：10ですが、マズルの方が短くつくられる犬体が多いようです。
また、スカルは横幅に対して縦幅がやや長い長方形をしています。チークは突出することなく、側頭部は深く広くあることを望んでいます。
頭頂は平らで、耳の付け根から目尻を結んだ左右のラインは平行です。目尻から長い髭が左右対称に前方に位置し、シャープな長方形の頭部を形成しているのです。
スカルを抜くポイントを決めます。眉弓骨は目尻にかけて弧を描いています。その眉弓骨の頂点（最も高い位置）を探し、5mm上のポイントから目尻までを結びます。目尻から耳の付け根までラインを引きます。この内側の被毛を抜きます。左右の眉の位置や形が対称であるか確認します。この時、マズルとスカルの対比を決定します。眉の位置を上下につくることにより、対比は明確になります。

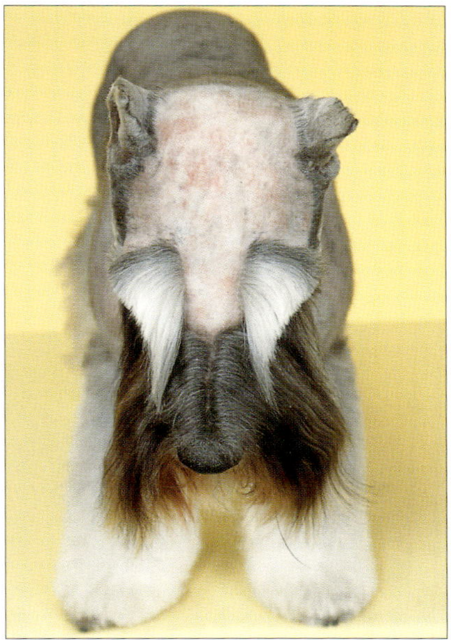

眉と眉の間は、眉弓骨を目安に目頭まで、鼻の幅よりやや広く、左右のラインが平行になるように真っ直ぐに抜きます。目頭の毛も上下約3mmずつ抜き、眉と髭を分離させておきます。ストップは広いV字に鼻先に向って抜きます。スカルに対してマズルが短い犬体は浅く、長めの犬体は深く抜いて調節します。目尻も周囲5mm程を抜いておくと、トリミングでの仕上げが楽になります。

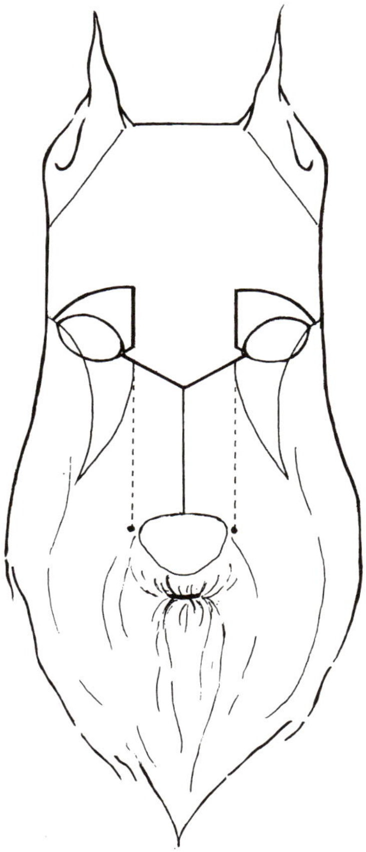

ストリッピングが終了しました。各ステージの間隔は1週間前後です。各ステージングで毛を抜いた皮膚は常にアルコールなどで消毒し、薬用クリームを塗って保護しておきます。
ストリッピング後の皮膚やコートの管理によって出てくるアウター・コートの質が変わるので、十分な手入れをしてください。アウター・コートより先にアンダー・コートが伸びてきますので、アンダー・コートの処理もこまめに行い、より良い状態のアウター・コートが出てくるように心掛けてください。

Grooming of
Miniature Schnauzer

シャンプー～ブロー
クリッピング
ナイフ
カット

シャンピング

Grooming of
Miniature Schnauzer

1

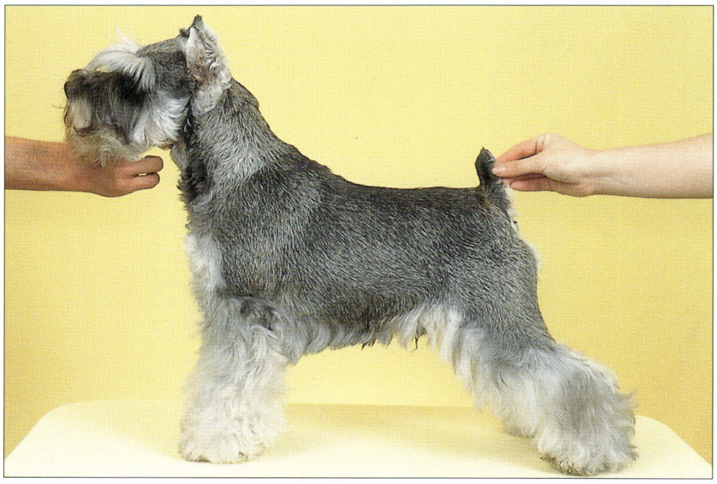

プラッキング終了後、2ヶ月経過した状態です。
プラッキングされた被毛を濡らすと被毛にクセが出ますので、ボディへのシャンピングは避けます。この状態になるまでの過程でシャンピングを行い、皮膚を清潔に保ちます。

2

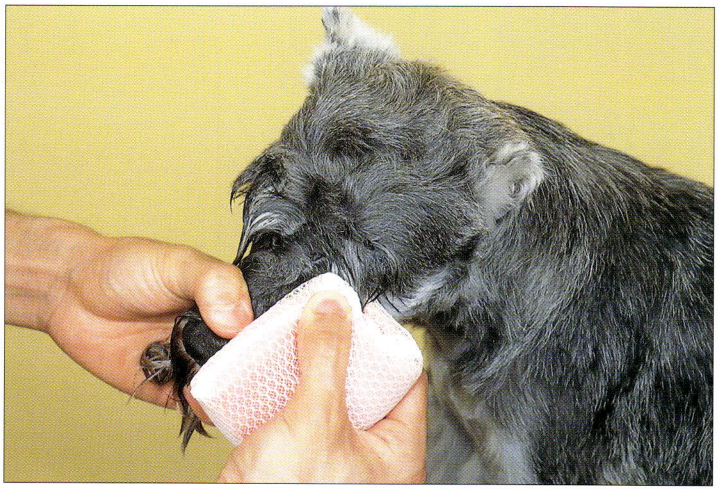

シュナウザーのシャンピングはスポンジを使い、優しく行います。スポンジを使うことにより部分的なシャンピングを容易にし、コートを濡らす恐れを軽減します。またシュナウザーの細い飾り毛をいたわると共に、泡立ちのキメを細かくし、効率よく汚れを落とせます。

頭部からシャンピングを始めます。スカルのコートを濡らさないよう眉から髭へと優しくスポンジングします。

3

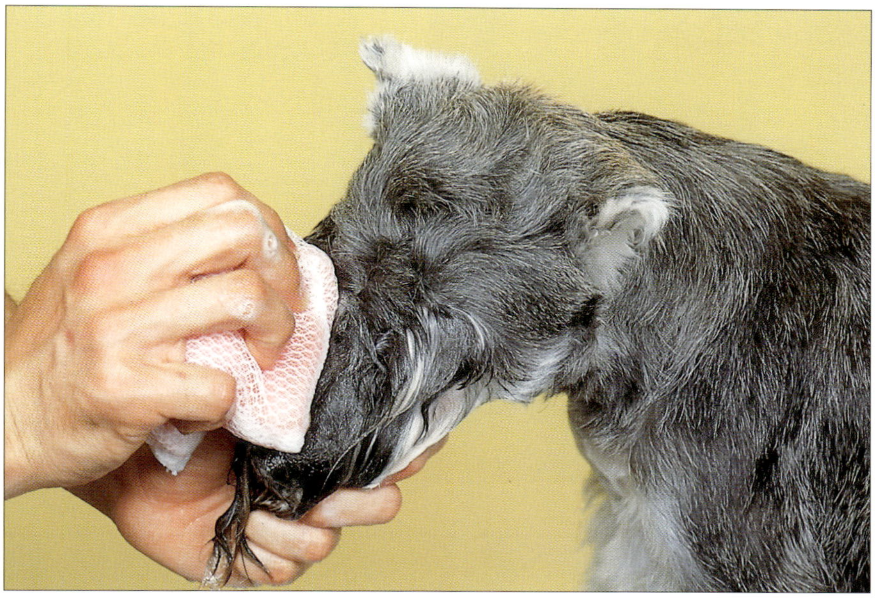

左右の眉を洗います。
スポンジを2つ折りにして、その中に眉を包み込むようにして洗います。毛流に沿って流すような作業で行います。

4

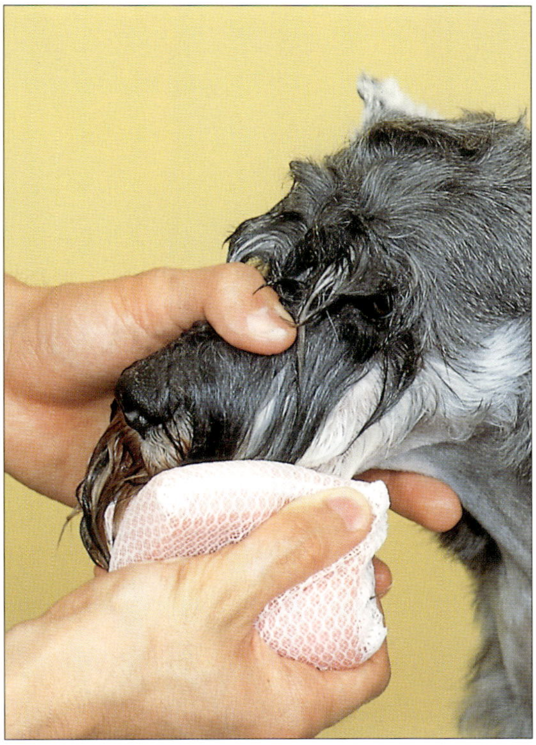

髭は、上顎の左右、下顎に3分割し、それぞれ力を加えないように包み込みながら洗います。この時、ノーズブリッジからの毛流を考えてスポンジングしてください。

5

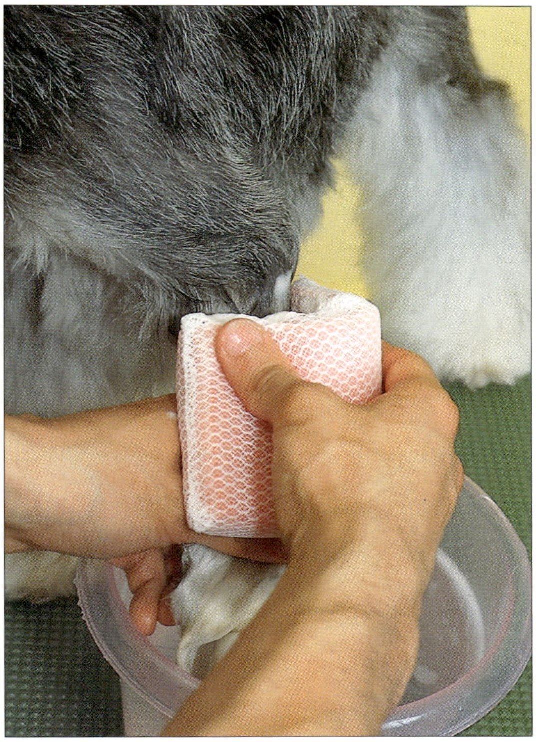

前肢は肘から肢先に向け、順にスポンジングします。

6

腹部の飾り毛は引っ張らないように、下から包むようにスポンジングします。

7

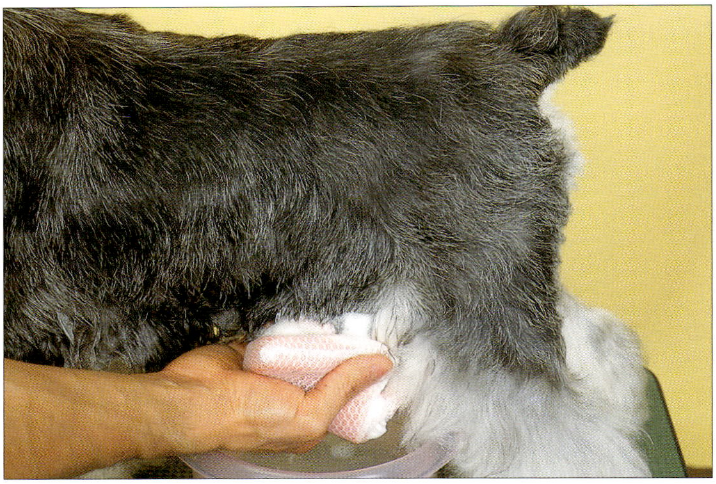

タック・アップは腰側から被毛を引き出すように軽く洗います。スポンジで被毛を引っ張って洗わないように注意してください。

8

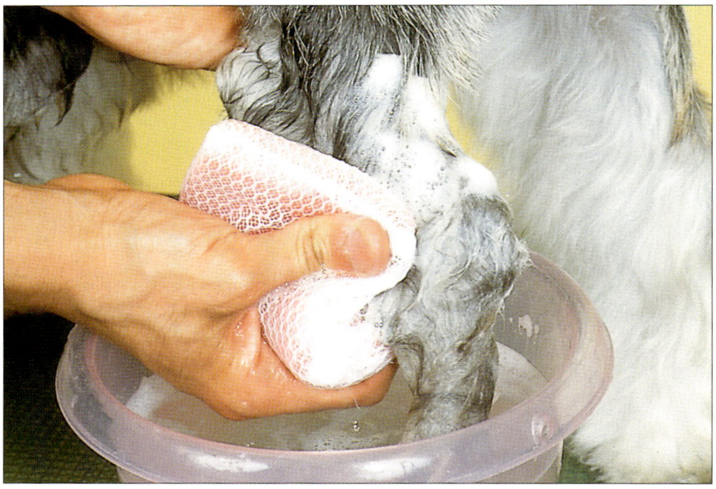

後肢はスタイフルから肢先へ向け、順にスポンジングします。

9

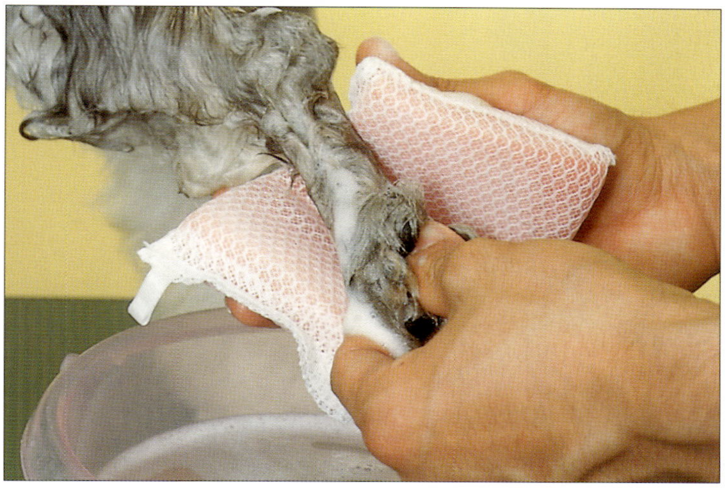

飛節部も包み込むようにしっかりと洗ってください。
このパーツはカットを行う時、非常に重要なポイントで、十分なシャンピングを必要とします。シャンプー剤、リンス剤が被毛に残らないようにすすぎを十分に行なってください。すすぎが不十分ですと被毛の開立角度も不十分になりますし、飛節部の被毛はすぐに下降し、開立度を保つことができなくなります。

10

眉、髭、四肢、腹部は十分にすすぎを行い、タウェリングします。
タウェリングは適度な水分を残すように行います。

11

タウェリングが終わったら、ピンブラシを使って飾り毛を開立させます。手首を軟らかく使い、毛流に逆らって空気を含ませるようにしながら伸ばしていきます。このようにしてあらかじめ開立させておくことにより、毛のよれを最小限に抑え、ブローの質、効率を高めることができます。
ブローの手順（P56）に従って、左右の眉を毛流に逆らって行います。

12

髭は左右と下顎に3分割します。左右の髭は毛流に逆らってピンブラシで開立させ、空気を含ませます。ピンブラシは軽く持ち、親指で軽く支えて手首に力を加えずに返します。この時、ピンブラシは斜め上方へ回転させながら移動します。

13

下顎の髭も同様に行い、ピンブラシは下方外側に逃がすように移動させます。

14

眉、髭にピンブラシを入れた状態です。

15

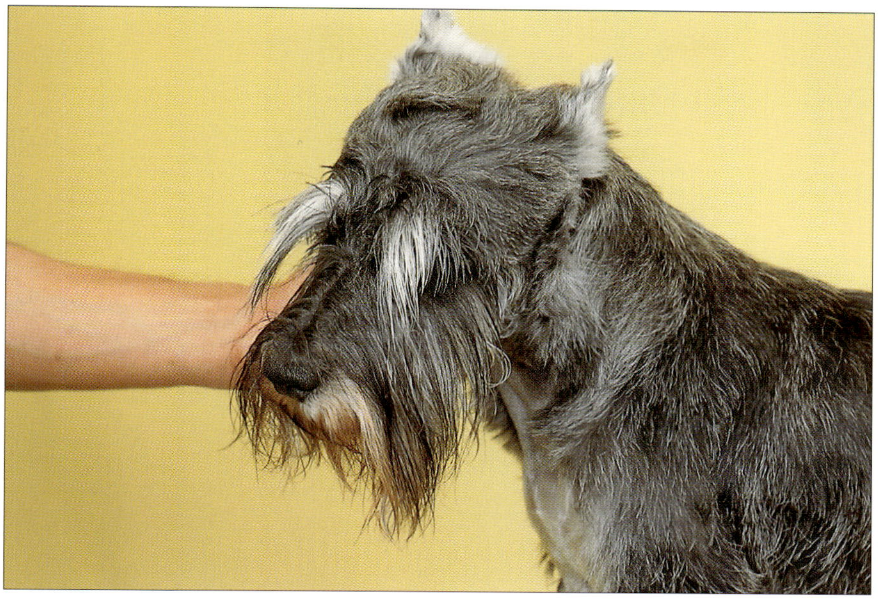

クセを付けないために元の毛流に戻しておきます。

16

前肢も上から下へ四面を開立させます。この時、親指と人差し指でピンブラシの柄を軽く握り、力を加えずに手首を返すように行います。ピンは外側を使用します。

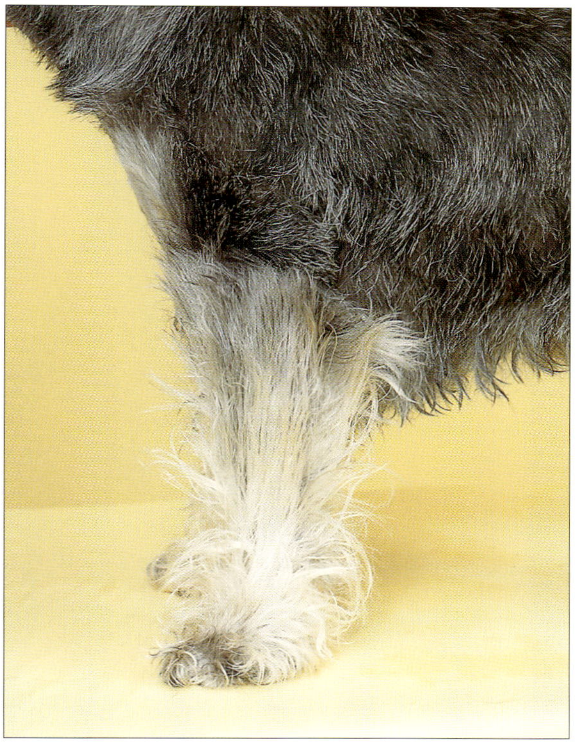

開立した状態です。

17

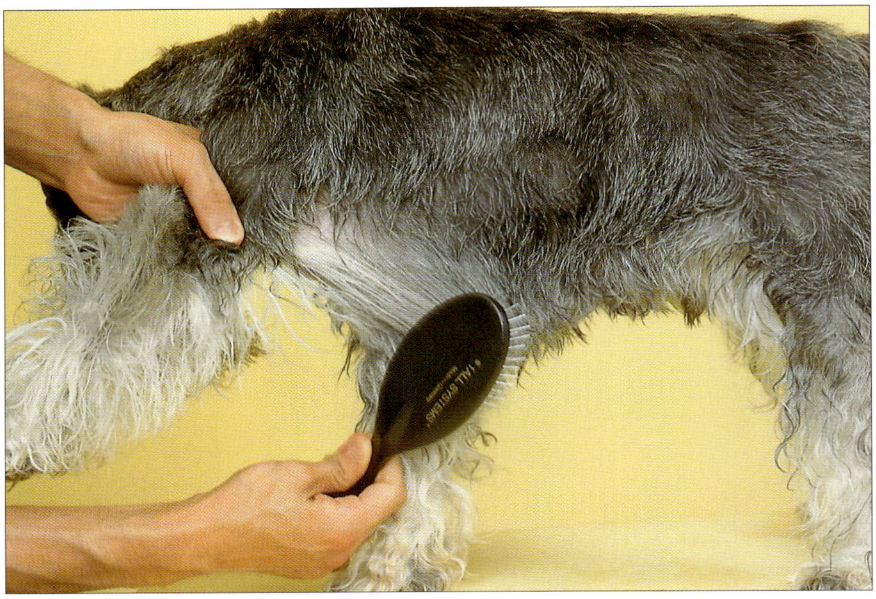

腋窩は被毛をピンに絡ませないよう真っ直ぐにブラッシングします。

18

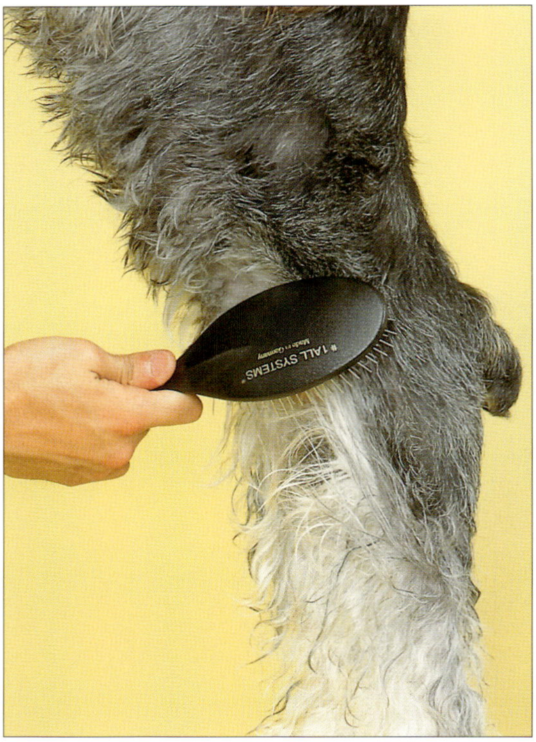

タック・アップも濡れた状態では被毛が切れやすいので、十分に注意してください。

19

腹部の飾り毛は上から下に真っ直ぐにブラッシングします。

20

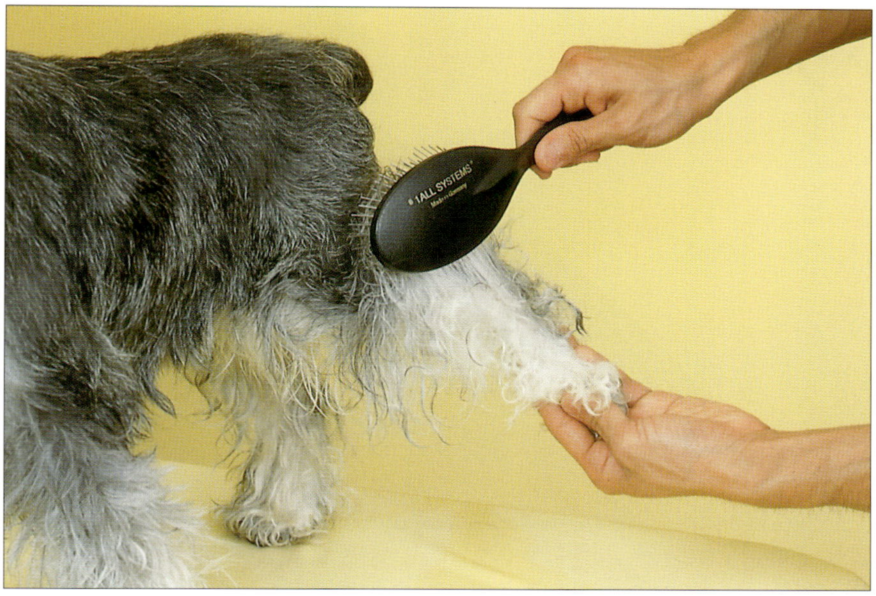

後肢もスタイフルから爪先に向けて開立させます。

21

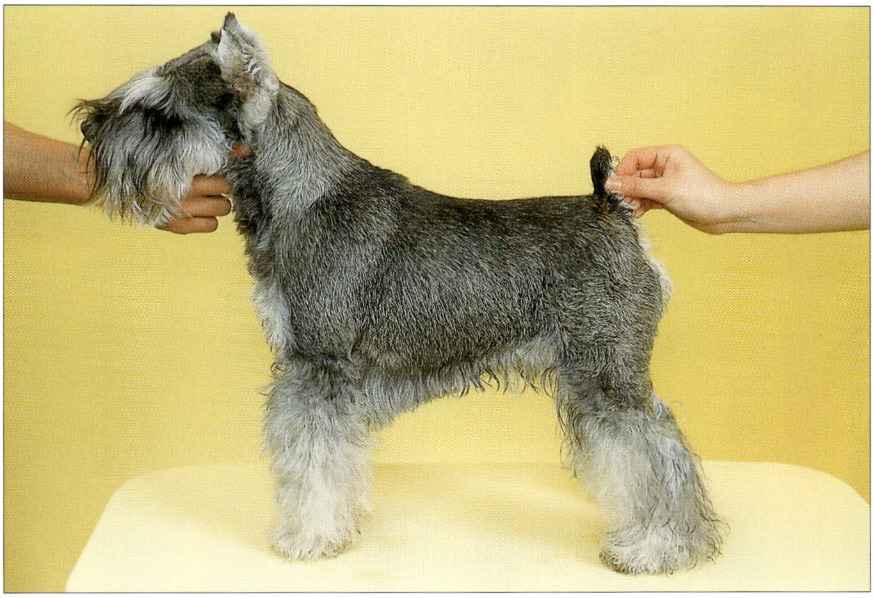

ピンブラシでの開立が終了しました。
この状態からブローイングに入ります。

ブローイング

Grooming of
Miniature Schnauzer

1

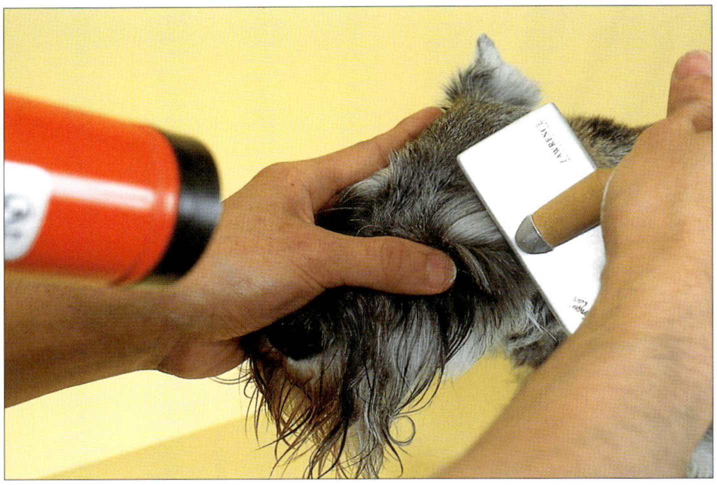

シュナウザーのブローは毛流に逆らい、下から上へと一方向に行います。シュナウザーの飾り毛はコシがなく、下に落ちやすいからです。スリッカーは手首を柔らかく返すように使い、手早く行います。

頭部から始めます。眉はオクシパットへ向けブローしますが、この時、目にドライヤーの熱風が当たらないように指で目を覆う等の工夫をします。

2

左右の眉のブローが終わったら、髭へと移ります。髭は上顎の左右と下顎で3分割してブローしますが、この時もドライヤーの熱風が目に当たらないように注意します。

3

下顎の髭も喉の方向へとスリッカーを移動します。

4

眉・髭のブローが終了しました。

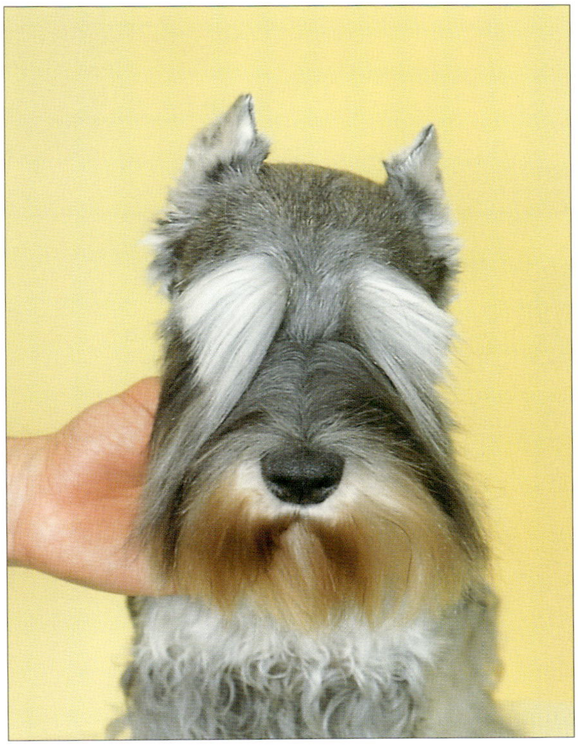

それぞれ毛流に沿って整えます。

5

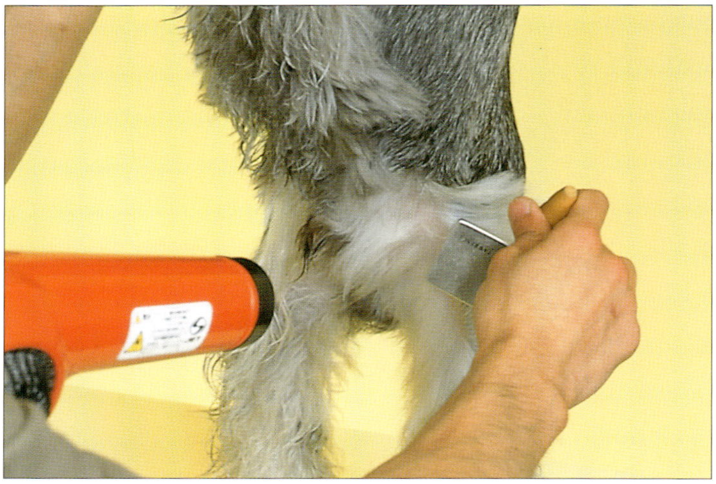

次にタック・アップとスタイフルの内側をブローします。
タック・アップの飾り毛は、腹部の全ての飾り毛の中で最も被毛の量が少なく、薄くあるため、早いうちにブローしないと自然乾燥してしまうからです。

6

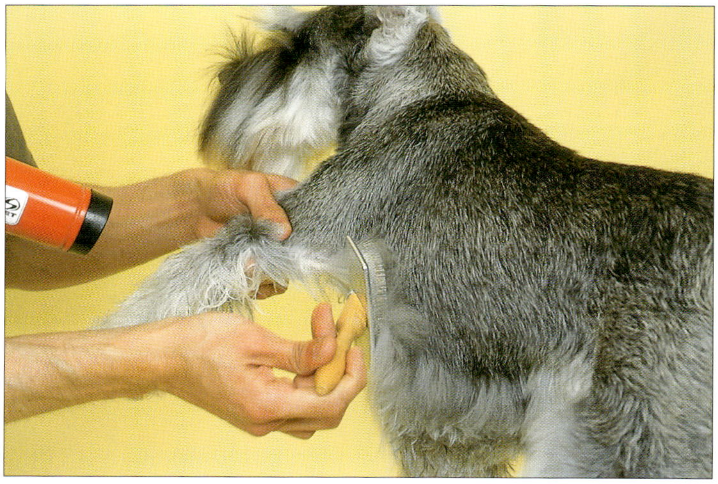

タック・アップの次は腋窩をブローします。前肢を前方へ軽く持ち上げて行うとよいでしょう。
ここを先にブローしておくことにより、前肢のブロー作業をスムーズに行うことができます。

前肢の持ち方
左の写真では行っていませんが、腋窩をブローする時、前肢は親指、人差し指・中指で肢先を持ち、手根部を少し曲げて前肢を床に平行に前方へ引くと、腋窩に十分な広さが生まれます。

7

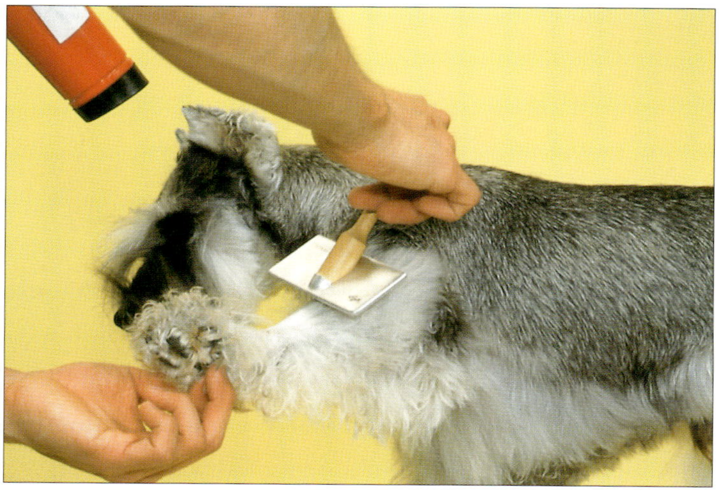

前肢のブローは前側、外側、内側、後側の４面に分け、それぞれ上腕側から肢先へとブローします。

指先のブローの方法
左の写真では行っていませんが、掌肉球の後側の被毛を親指と人差し指でつまみます。指先をグルーマーの親指の中手骨の上に置くと、指先は固定され、スムーズにブローイングが行えます。

8

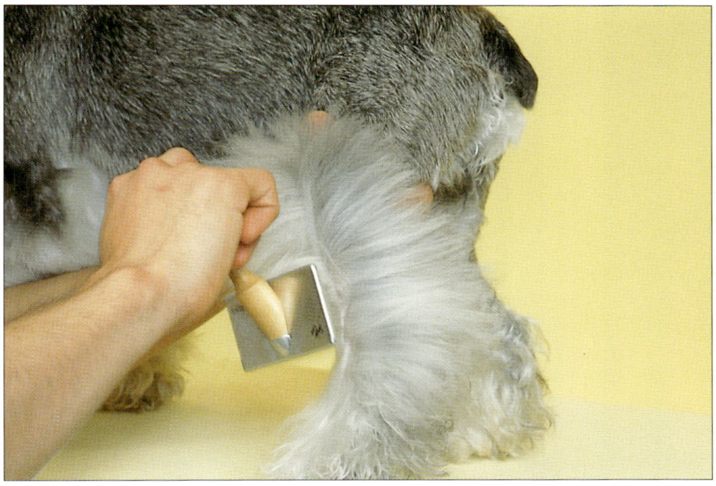

後肢のブローも前肢と同様に前側、外側、内側、後側の4面に分け、それぞれ大腿側から肢先へとブローします。

9

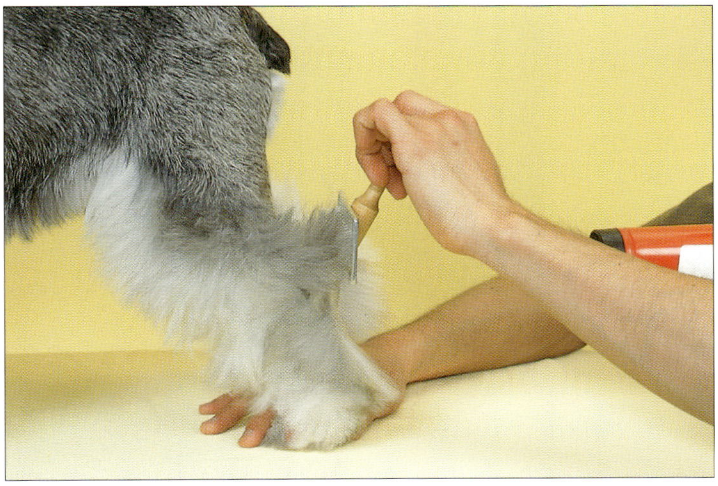

飛節部分のブローは後肢角度を表現するために十分な開立と、それぞれの被毛が1本ずつ分離されていることが望まれます。正確なアンギュレーションを形づくるためにしっかりとブローしてください。

後肢をトリミング・テーブルに置いたままブローする場合

10

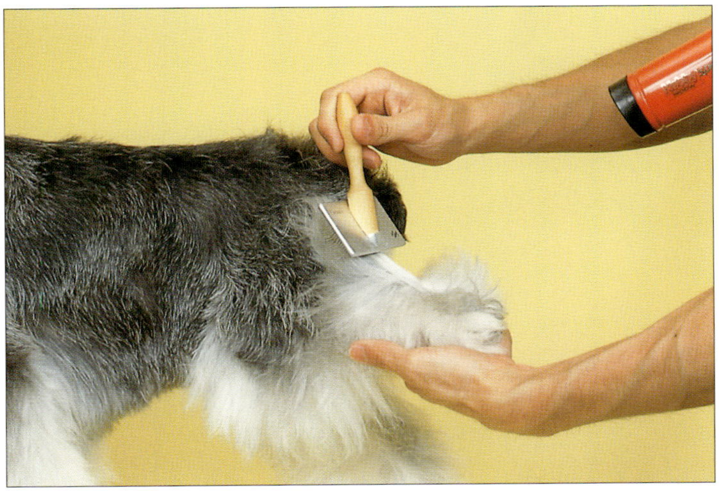

飛節より大腿部のイマジナリー・ライン上も同様にスリッカーを軽く当て、開立させて綿飴のようにつくり上げます。

後肢をトリミング・テーブルから上げ、左手で支えながらブローする場合

11

スタイフルの内側は、被毛の植生、方向に変化がありますので、常に一方向にスリッカーを移動し、タック・アップの方向に向けてブローします。

12

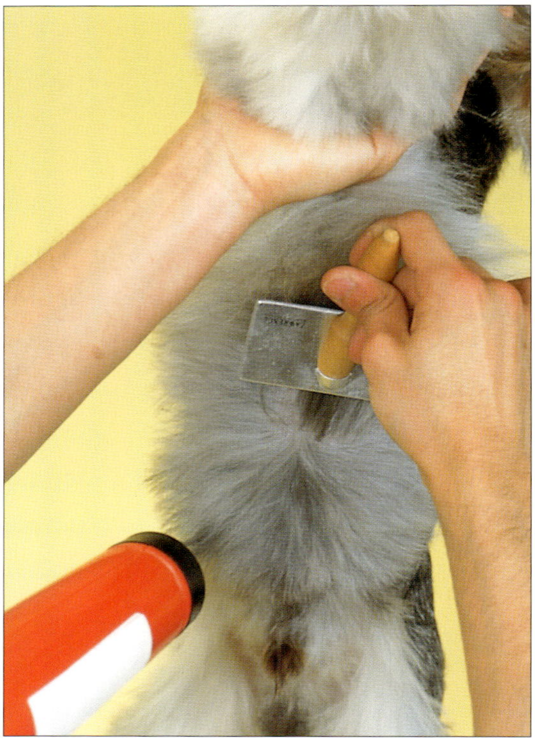

腹部の飾り毛はタック・アップ側から腋窩へ向けてブローします。腹部は比較的クセが弱い部分なので、今回の手順では最後に行いました。

13

ブローが完成しました。

Grooming of
Miniature Schnauzer

シャンプー〜ブロー
クリッピング
ナイフ
カット

クリッピング

Grooming of
Miniature Schnauzer

1

使用するブレードに規定はありませんが、ここでは足裏、腹、陰部、耳は1mm、チーク、前胸、尻、内腿は2mmを使用します。
この作業は、クリッピングの跡が残らないようショー・エントリーの4～5日前に済ませておきます。

2

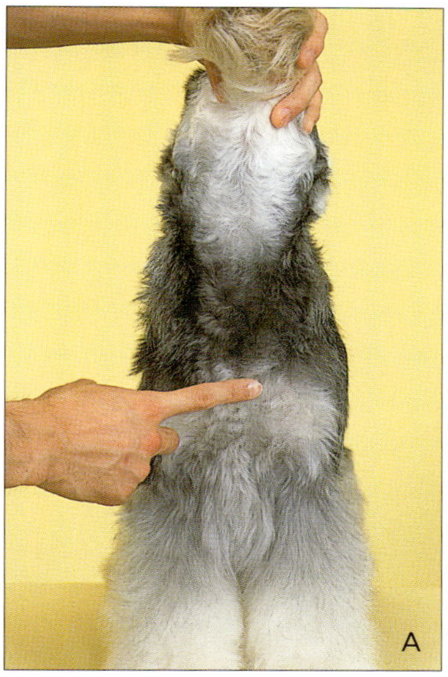

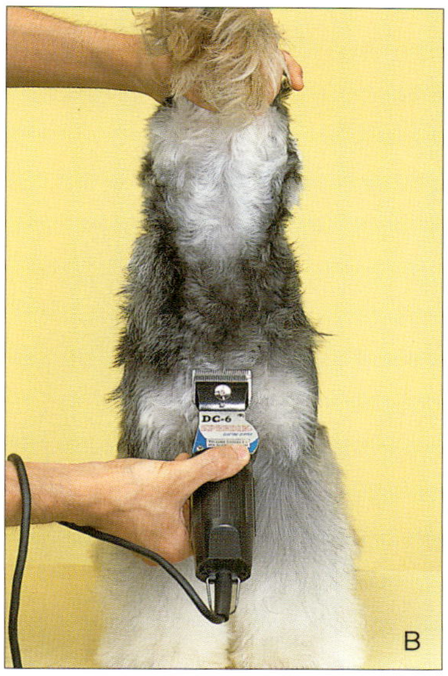

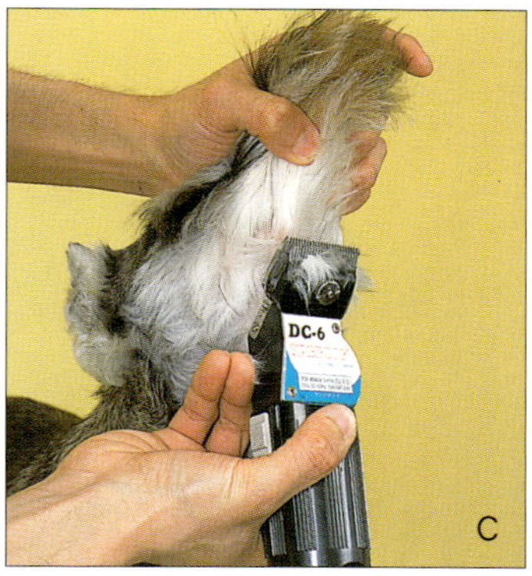

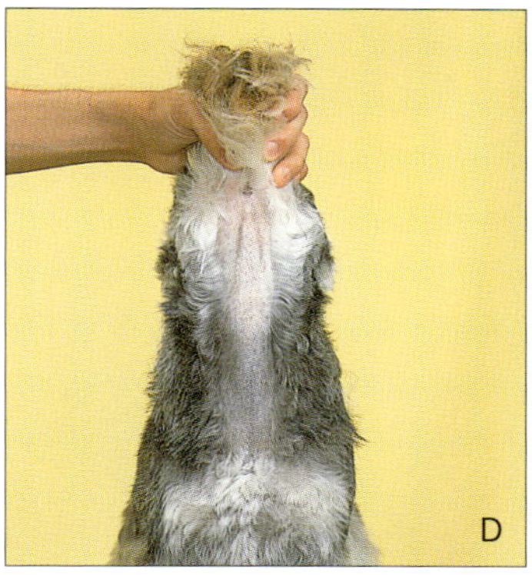

胸骨端から真っ直ぐに下顎の触毛へ逆剃りし、触毛の位置でブレードを外へ逃がします。

A：胸骨端のポイント
B：クリッパーの当て方
C：触毛の位置とブレードの逃がし方
D：クリッピングが終了した状態

3

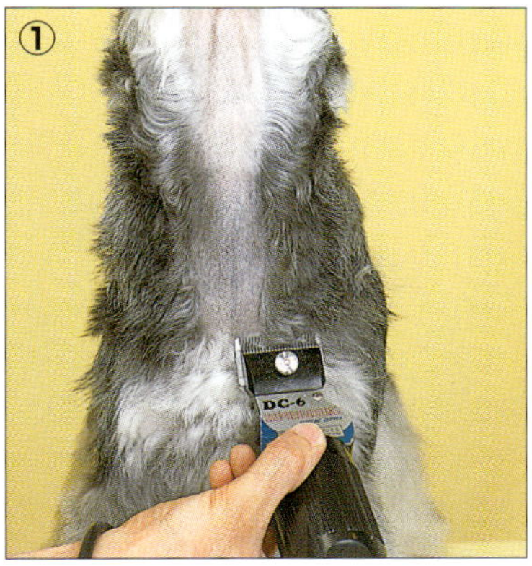

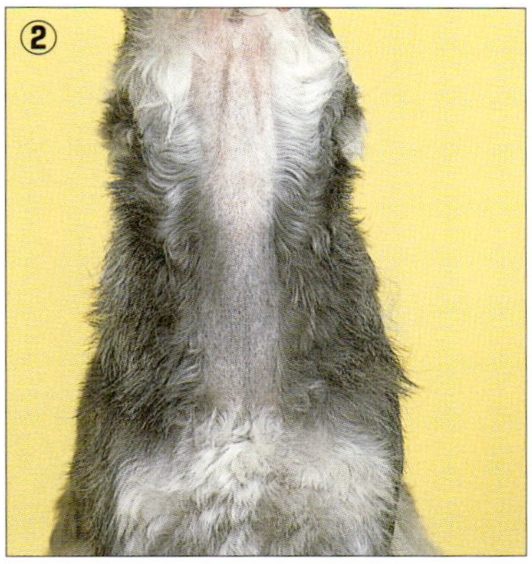

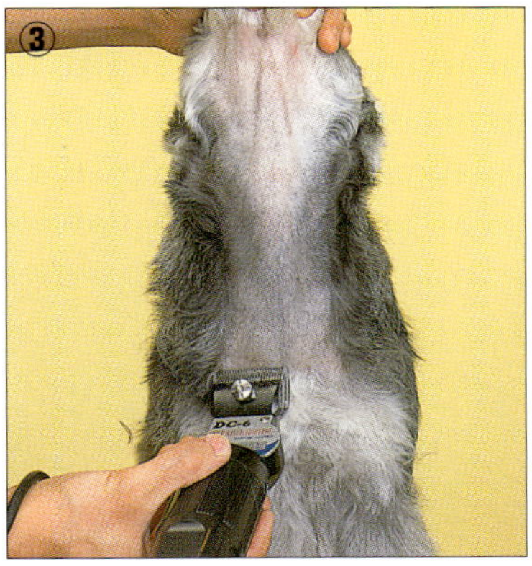

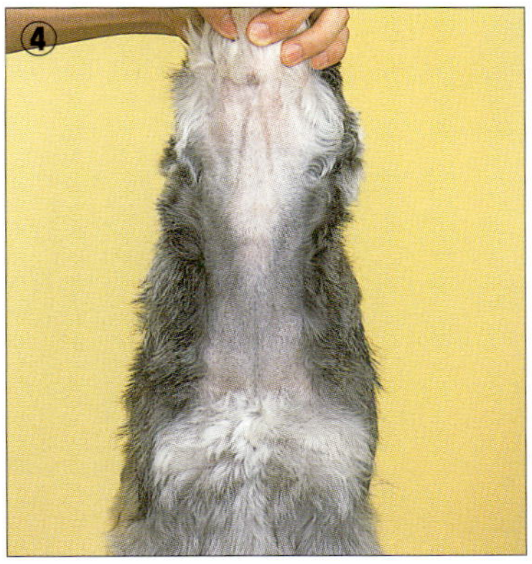

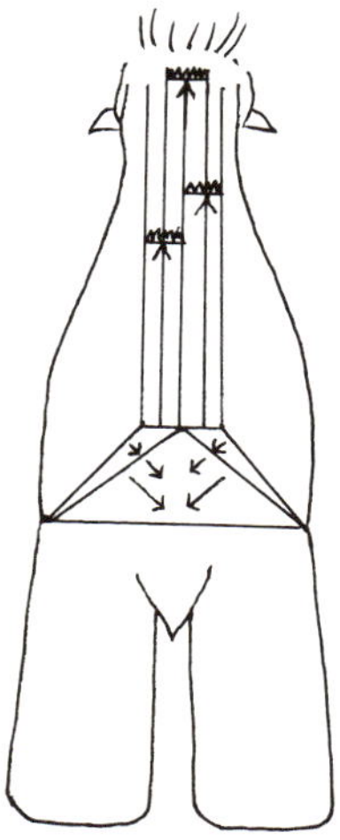

左右にブレードの幅半分ずつをスライドし、逆剃りします。ブレード2枚分の長方形が仕上がりますが、犬を前望したときのバランスを考え、多少クリッピング幅は微調整します。クリッピングされた長方形が歪むことなく、胸骨端を中心に左右が対象になるように注意してください。

4

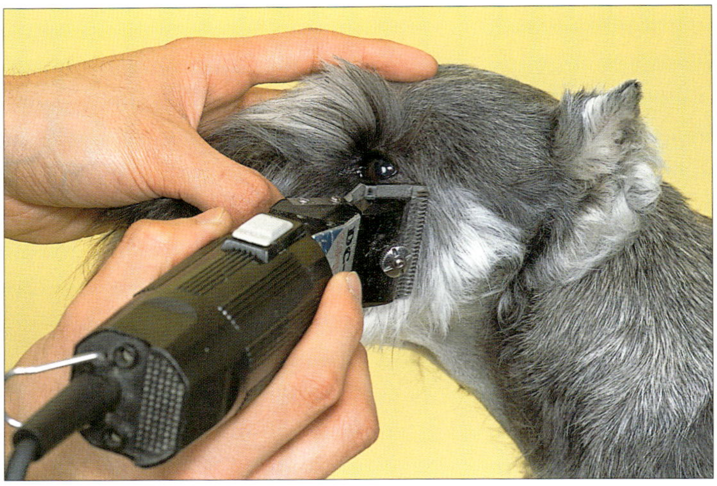

イマジナリー・ラインをつくります。目尻から5mmほど残して耳孔までを真っ直ぐに並剃りし、側頭も並剃りします。側頭は平らで、左右が平行であることが望まれています。

側頭部クリッピングポイントの触毛

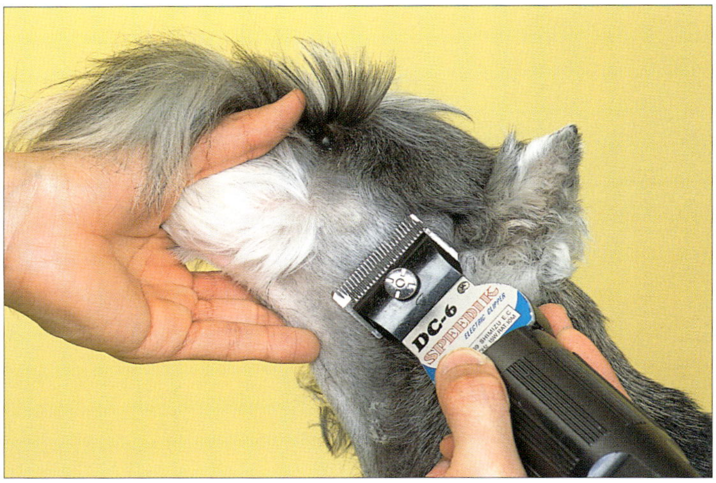

どのような犬体も、チークにはわずかな張りがあります。スカルの広い犬体ではそれが顕著に現れますので、長方形の頭部を作るためにチークの頂点を逆剃りし、調整をします。

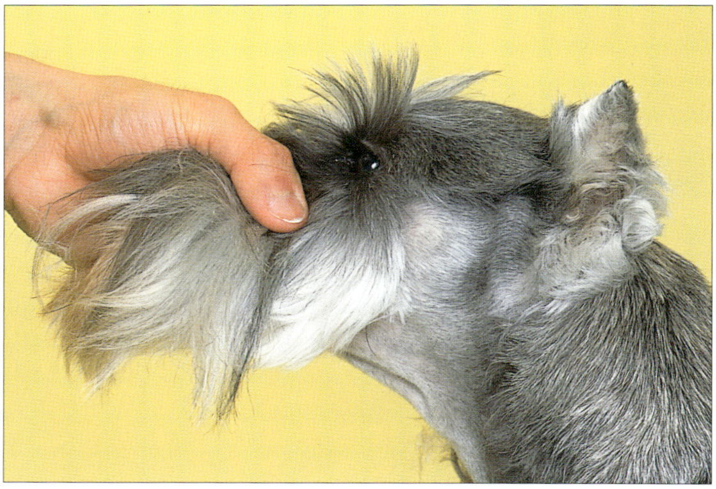

イマジナリー・ラインをつくる時、ブレードを目尻に当てる正確な位置が求められます。手前にクリッピングしてしまうと、仕上がった顔がヒョウタンのような顔付きになりますので注意してください。

5

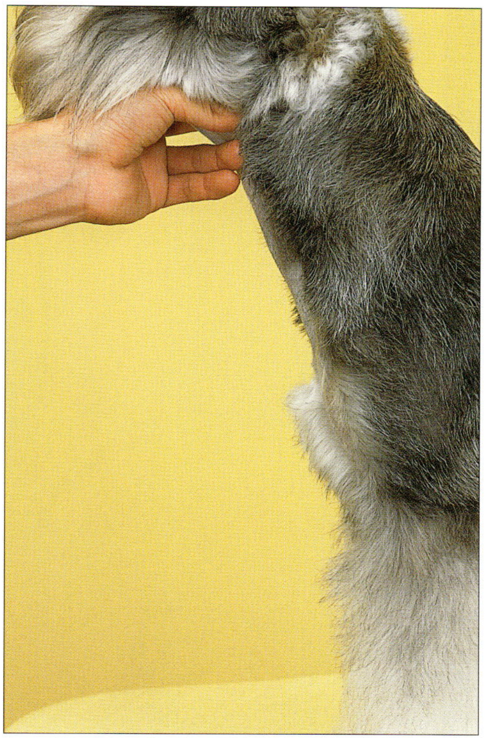

側頭より下の部分は、ネックとの毛流が合流するところまでしっかりと並剃りします。

6

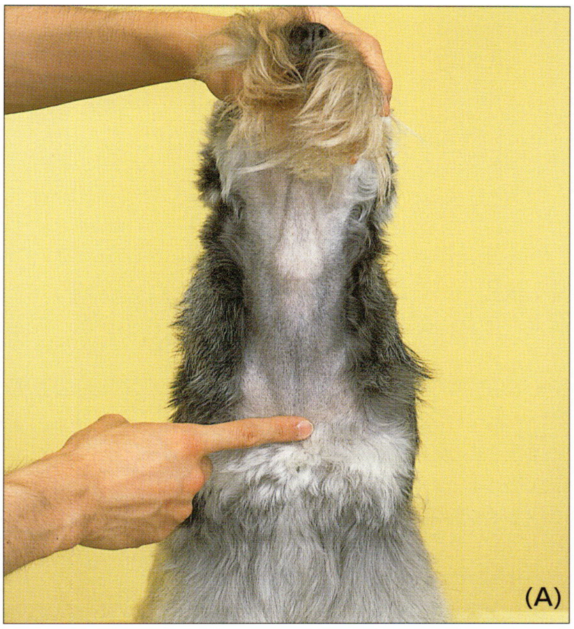

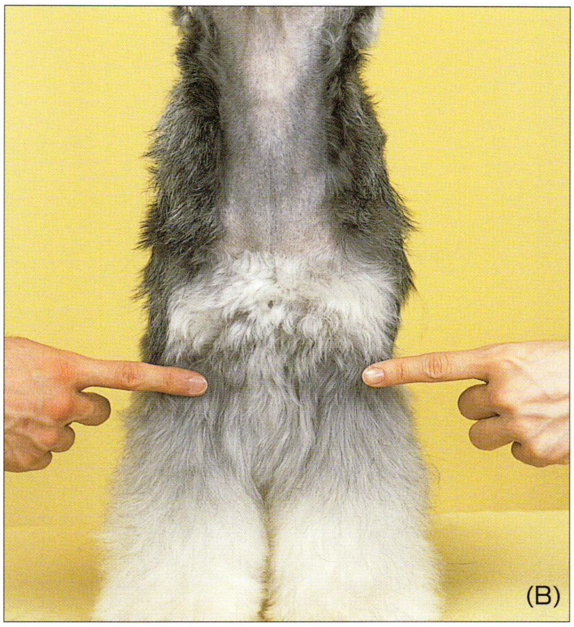

前胸部には台形のクリッピングされない部分が残っています。この部分をクリッピングします。胸骨端のポイント（A）を頂点とし、左右の肘を前側に平行移動させたポイント（B）を結ぶと二等辺三角形になります。

6'

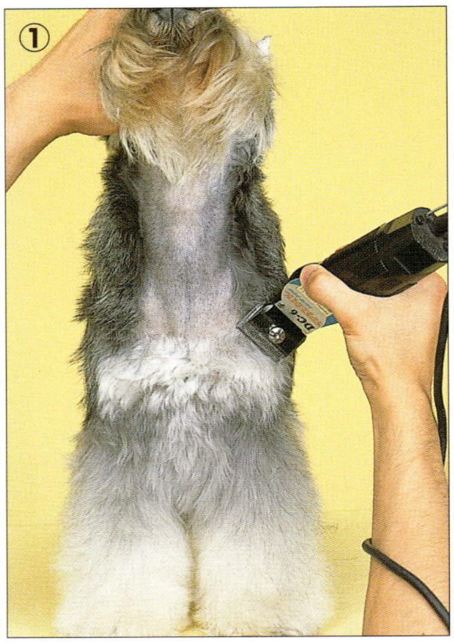
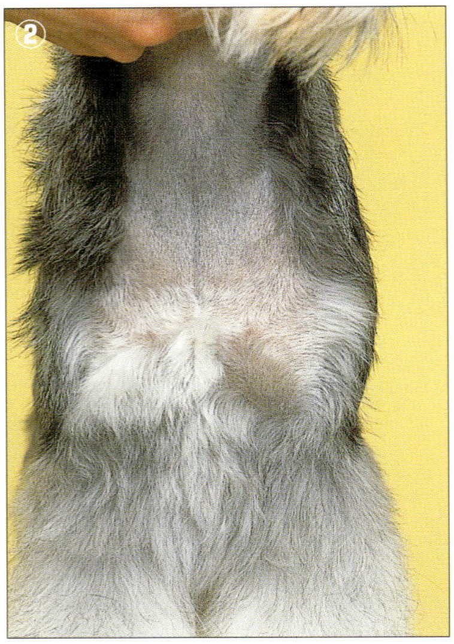
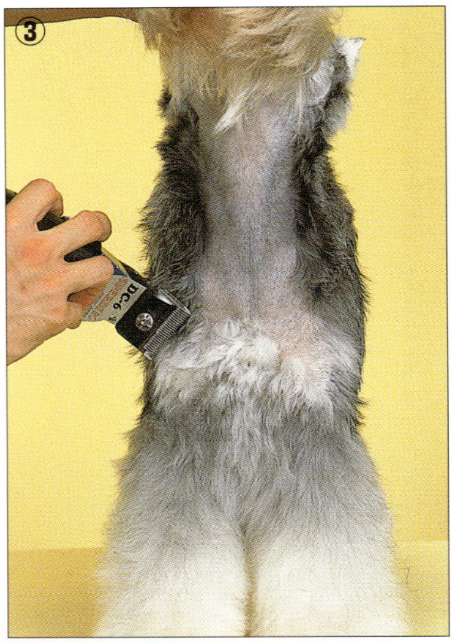
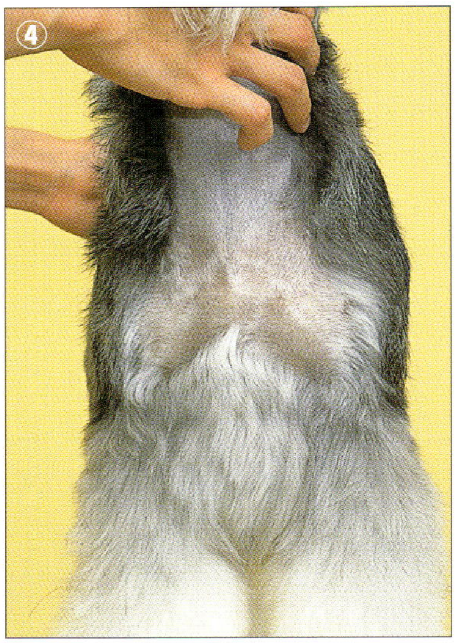
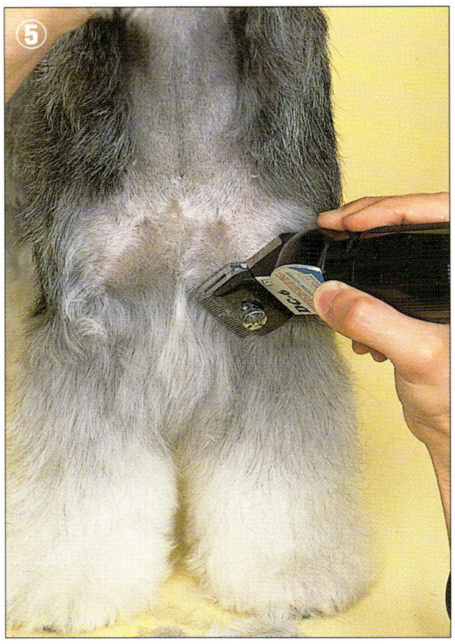
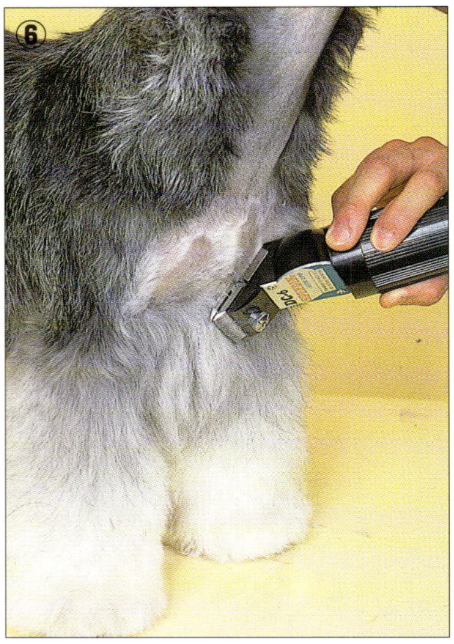
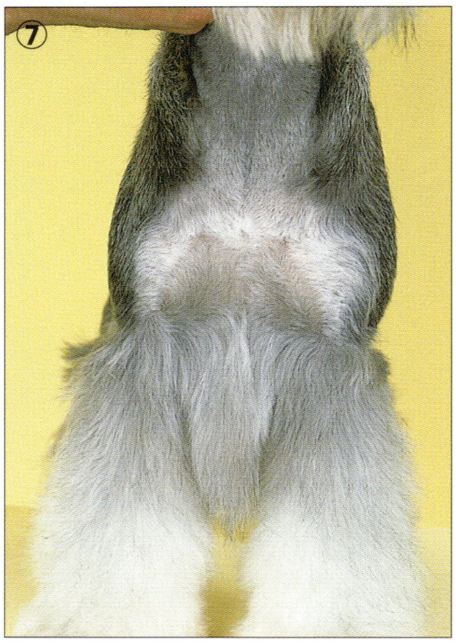

並剃りでその二等辺三角形を形づくります。底辺にブレードを向けて、右の辺は左斜めに、左の辺は右斜めに並剃りをします。側望した時、前肢から見えなくなるまで徐々にクリッピングします。

①ブレードを少し立たせて、P65(A)、(B)のポイントまでの二等辺三角形の左辺をクリッピングします。
②クリッピングが終了しました。
③右辺も同様にクリッピングします。
④左右がクリッピングされました。この時、2辺は対称であることが重要です。
⑤さらに左右の辺を下げていきます。
⑥前胸の飾り毛を深くクリッピングしないよう、ブレードはわずかに外に逃がしています。
⑦前胸の飾り毛のクリッピングが完了しました。しかし、これはあくまでも荒刈りの段階です。

7

前胸の飾り毛は、テリア・フロントをつくるために重要なポイントでもあります。側望した時に真っ直ぐであること、胸深は肘までなくてはならないことなどを考え、胸の浅い・深いをとらえながら厚さ長さを決定します。

8

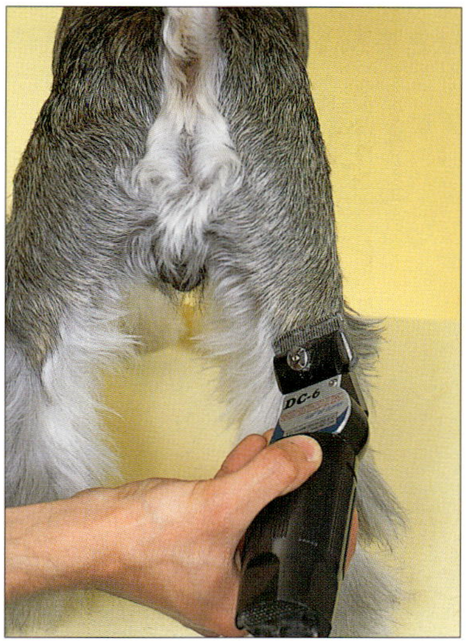

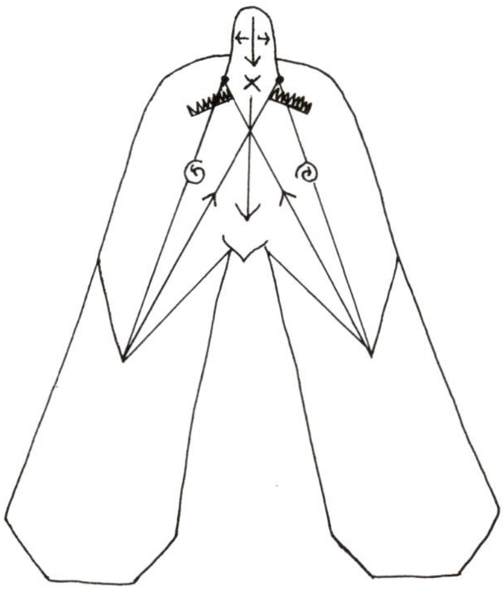

犬の右後肢はブレードの左半分を使用し、ブレードの右の角が左尾根部に当たる角度でクリッピングします。同じように左後肢はブレードの右半分を使用し、尾根部にブレードの左角が当たる角度でクリッピングします。クリッピングされた左右の内腿は対象になります。また、このクリッピング方法はグルーマーが手首を返しやすくなります。
トライアングル部分の荒刈りが終了します。逆剃りをし、美しく整えてください。

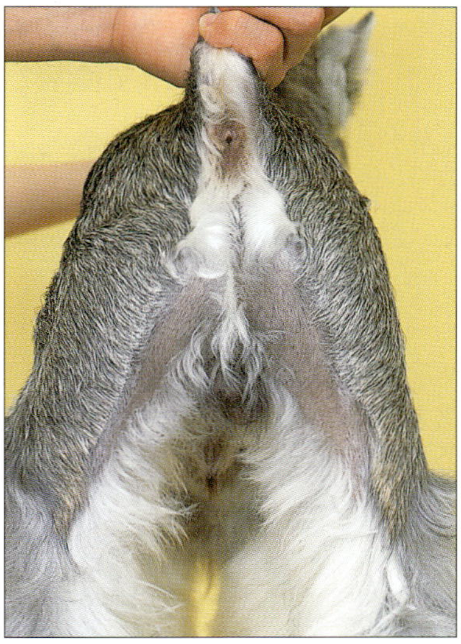

内腿のクリッピングは左右対称であるべきで、飛節より3指上のポイントから陰部の外側と毛渦とを結び、三角形の部分をクリッピングします。

9

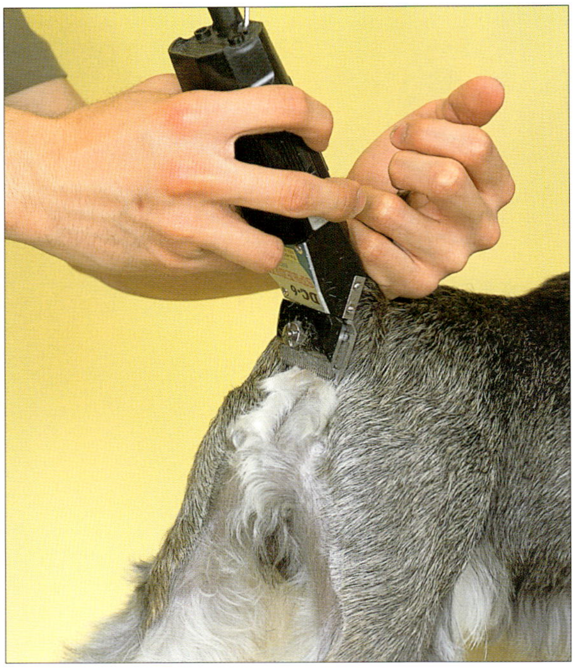

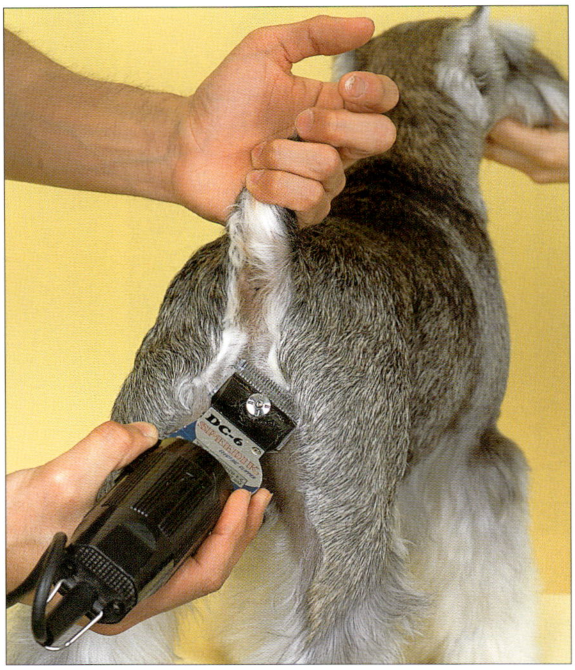

次に、残った台形部分を肛門下部から陰部に真っ直ぐにクリッピングします。毛渦もしっかりとクリッピングします。

右側の毛渦は右巻き、左側の毛渦は左巻きの毛流がありますので、クリッパーを上手に回転させ、逆にクリッピングするとよいでしょう。

10

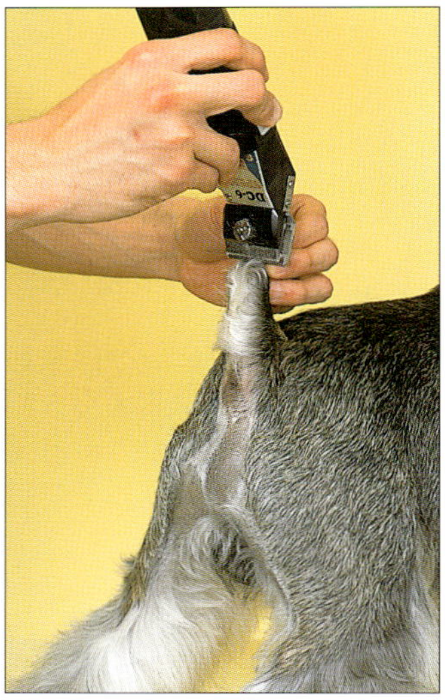

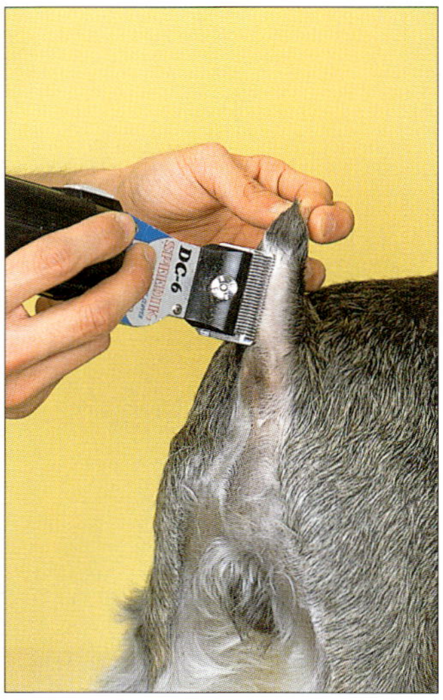

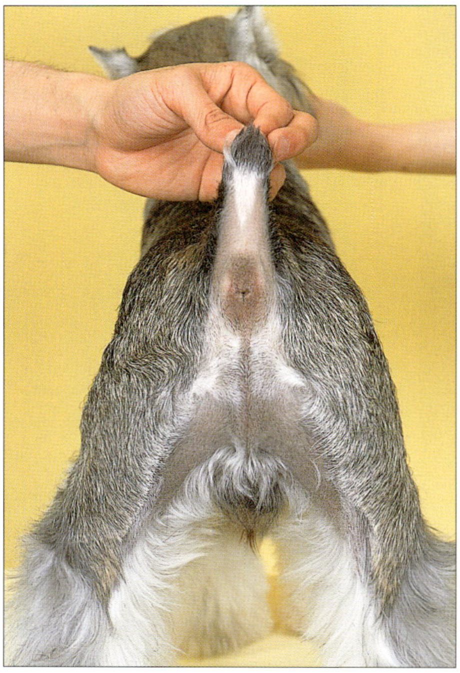

尾を90度に直立させ、尾の裏を中心から左右に肛門上部までクリッピングします。次に肛門周囲を上下左右にクリッピングし、後肢と尻の部分のクリッピングが終了します。

11

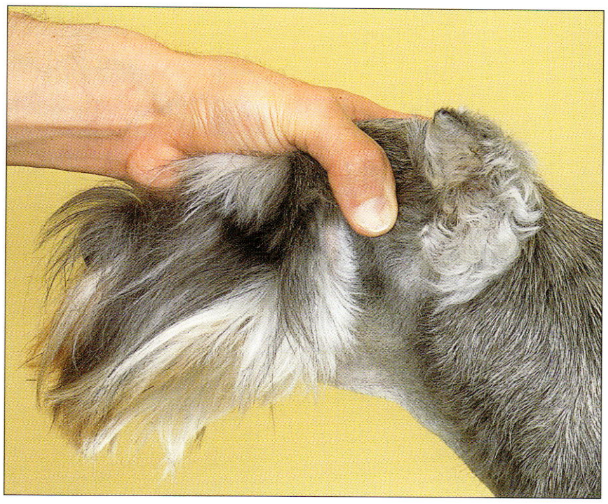

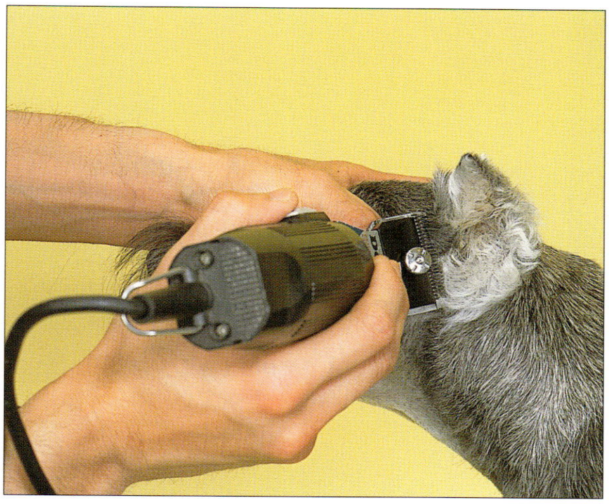

ブレードを1mmに替えて耳のクリップをします。チークに親指を当て、前方に引き寄せます。耳は前方へと傾斜し、耳の前側付根部分が現れます。ブレードを少し立てて刃先を逃がすように、しっかりとクリップします。この部分は後で頭部の長方形を形づくる時の大切なポイントにもなります（頭部のカットの所で説明)。

①

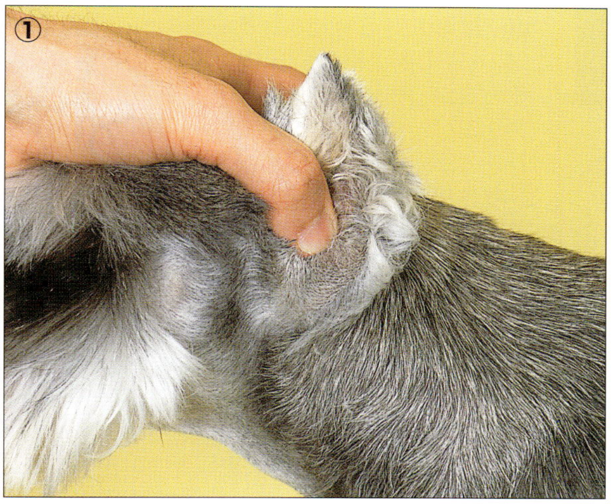

耳孔に親指を当てます。

次に、耳孔に親指を当て前方へ引き寄せると、耳はさらに前方に傾斜し、袋耳の部分が現れます。ブレードの刃の半分を使用し、手首をうまく回転させるようにクリップすると、刈り残しが出ません。
断耳されて小さくなったミニチュア・シュナウザーの耳のクリッピングは、とても注意を要します。ブレードをうまく使用しないと刈り残しができてしまい、刈り残してしまうとなかなか美しくクリッピングが仕上がらないのです。一回のクリッピングできれいに刈り込んでしまうことが要求されます。

②

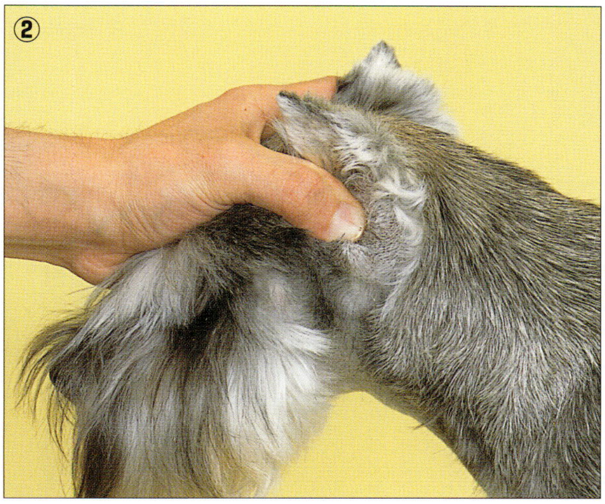

親指を前方に引きます。

③

袋部分にブレードを当てます。

11'

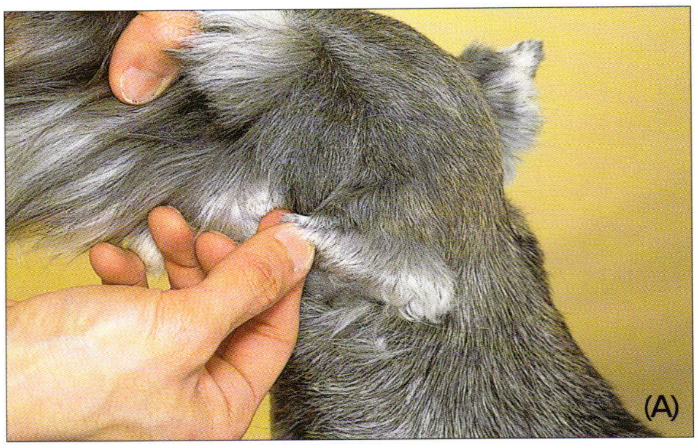
(A)

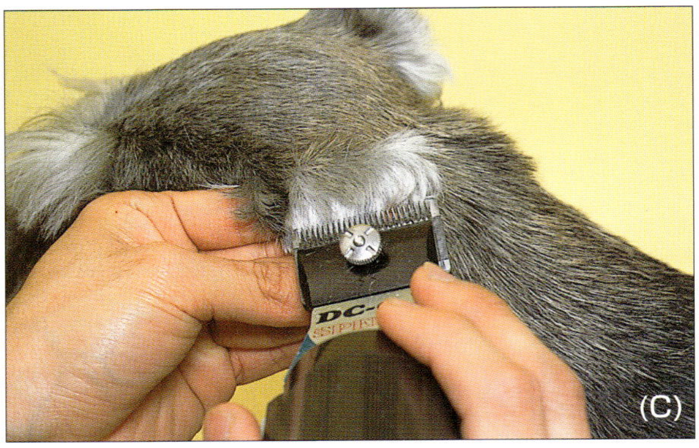
(C)

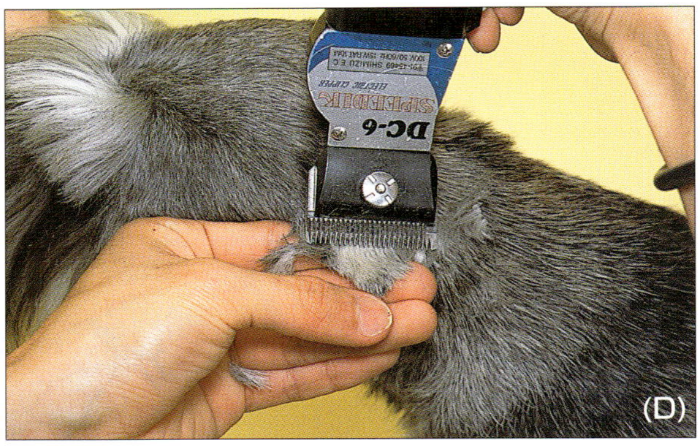

(D)

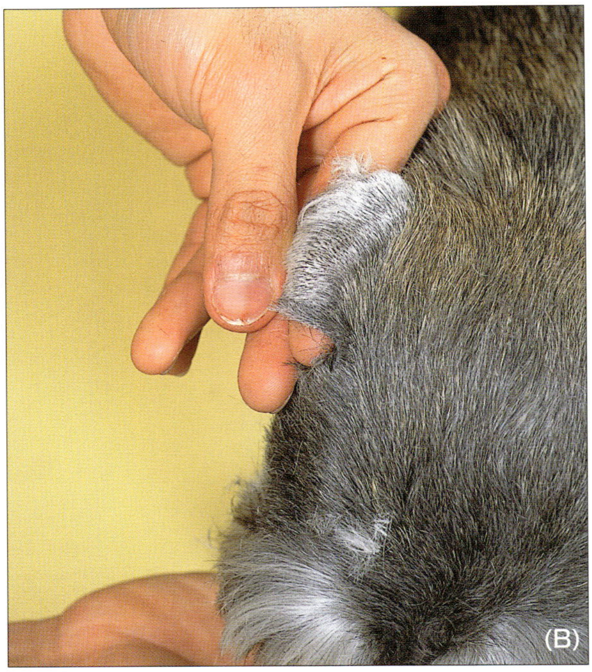
(B)

表側は耳の先端を持ち、チークの方向へ軽く折ります(A)。この時、耳に折られた線（折り目）が現れます。その線から先がその犬体の耳になります。折り目までを逆剃りします（C)。人差し指で耳の下から耳を指に巻き付ける様に耳をしっかりと張ります（B)。先端は逆剃りだと危険ですので（ブレードで薄い耳の先端部を切ってしまう)、並剃りを行うとよいでしょう（D)。耳の裏側もきれいにブレードの端を使って刈ります(E)。耳孔周囲には対珠や対輪などの凹凸がありますので、指先で被毛を起こしながら刈ります。

耳のクリッピングが終了しました。エッヂ部は後にエッヂングをし、被毛をカットしますのでこの状態はエッヂに被毛が残されています（F)。

耳は、折ったラインより深くクリッピングをすると、後頭部の左右が深く、ネック・ラインとつなげるときに深くなり過ぎてしまいます。前望したとき左右の耳が対象で平行にあること、頭頂部の被毛が耳の基部に重なっていることによって、頭頂部を平らに見せることができます。

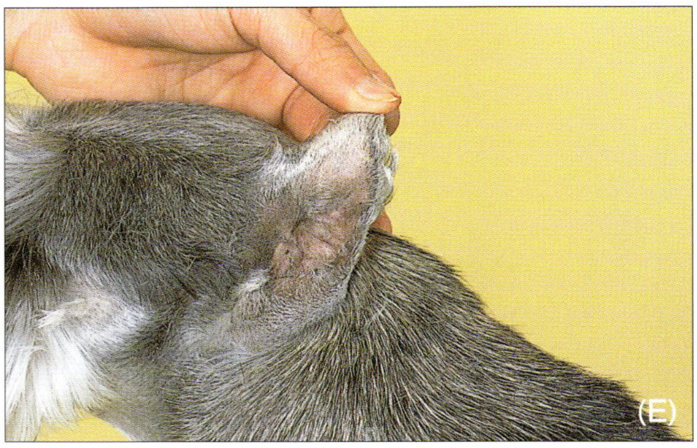
(E)

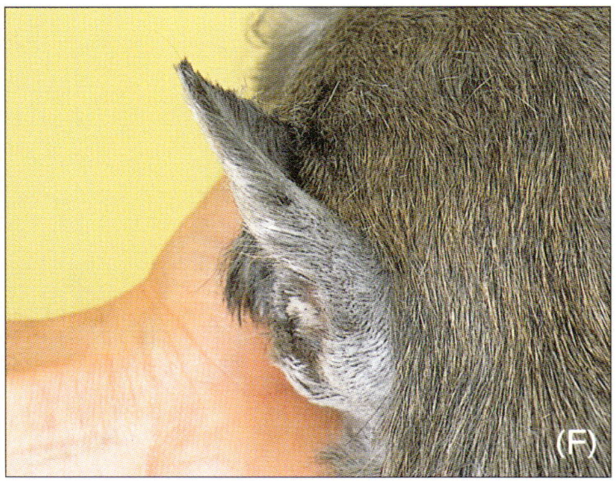
(F)

12

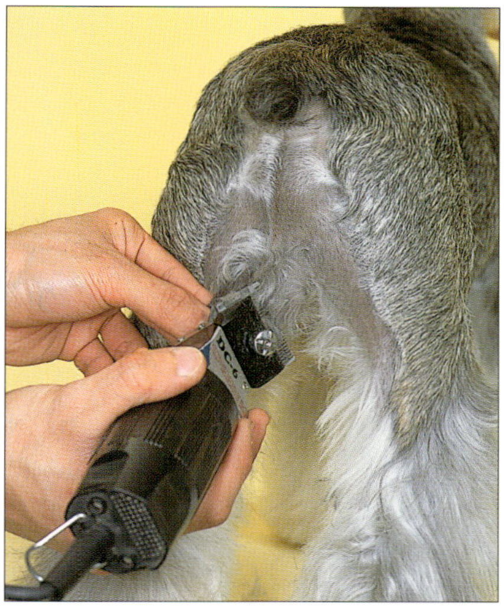

陰部のクリッピングを行いますが、この部分は非常に敏感なところですので、ブレードの温度や角度などに気を配る必要があります。写真の犬体は雄ですので、陰のう周囲をクリップすることになります。皮膚が薄く、ブレードの刃先などによっても傷付きやすいため、慎重に行ってください。

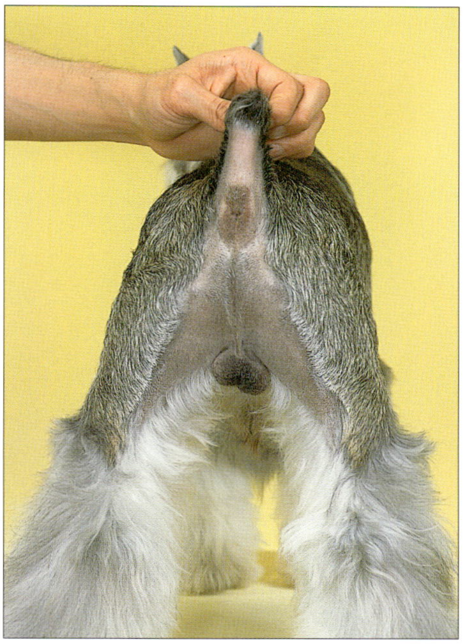

クリッピングの終了

13

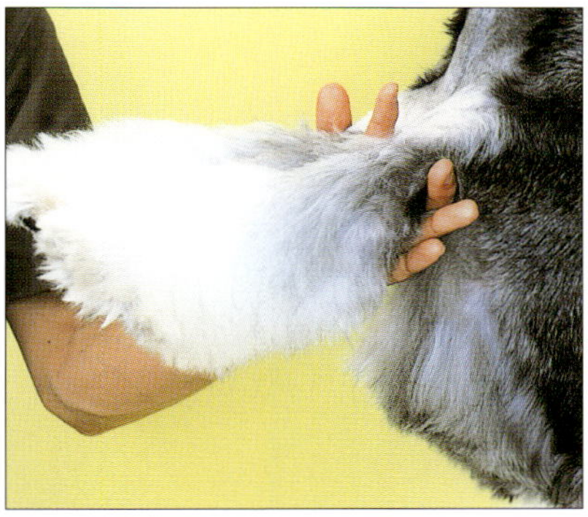

保定の仕方

腹部をクリッピングします。陰部からヘソまでブレード 2 枚分の幅で逆剃りしますが、このときタック・アップの飾り毛を外へ逃がし、切らないように注意してください。

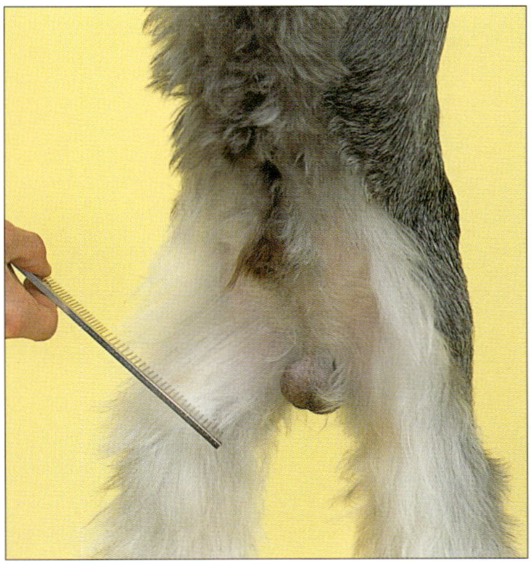

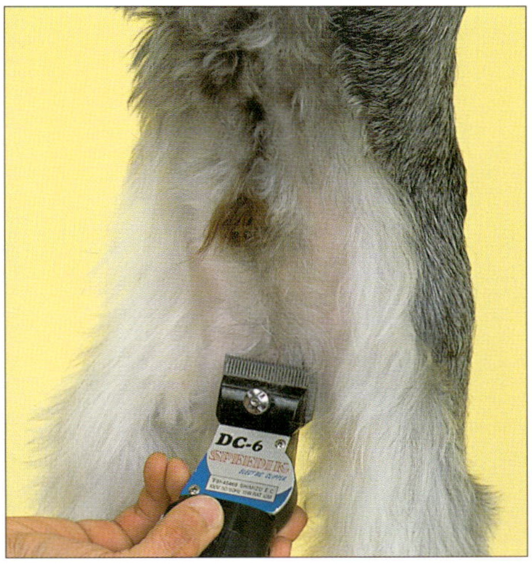

Grooming of
Miniature Schnauzer

シャンプー〜ブロー
クリッピング
ナイフ
カット

ナイフ（1）
アンダー・コート

Grooming of
Miniature Schnauzer

1

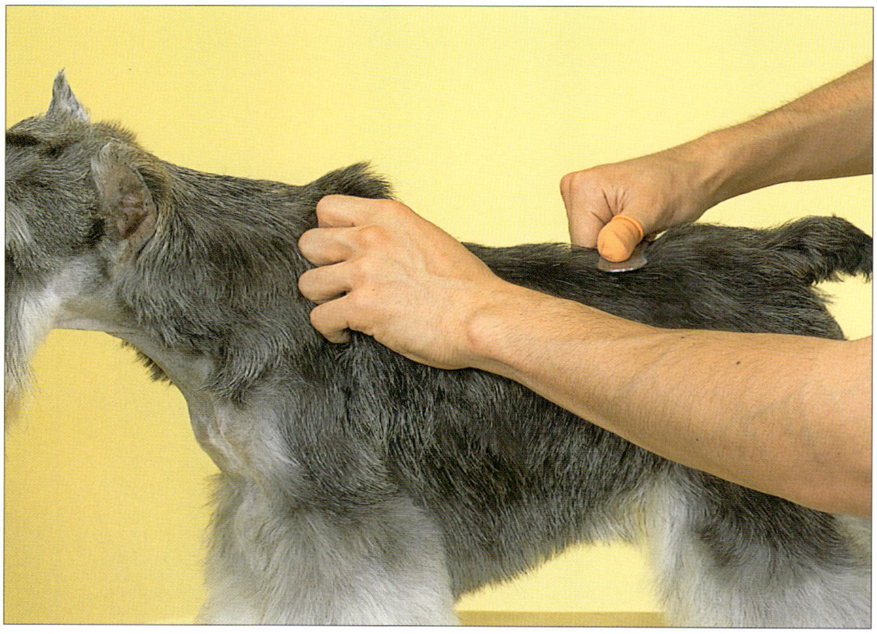

アンダー・コートの処理から始めます。
アウター・コートが長く厚くなるにつれ、細かい刃のナイフではアンダー・コートにしっかりと届かなくなります。これではきれいに抜くことができないので、犬体のコートの状態に合わせてナイフを選びます。
ナイフの刃に親指を添えて皮膚に対して平行に当て、親指の力を調節しながら、毛流に沿って自分の胸元に引き寄せるように使います。片方の手は常に皮膚を伸ばし皮膚を緊張させておきます。ナイフに力を入れ過ぎたり、ナイフを立ててしまうと、皮膚を傷付けたりオーバー・コートを切ってしまう恐れがあるので、体の曲面に合わせて手首をうまく使います。
ミニチュア・シュナウザーの背は真っ直ぐで、キ甲から尾根にかけてわずかに下降しなくてはいけません。まず背線上の真っ直ぐで低い位置にあたる十字部の高さ（コートの厚み）を決め、十字部のアンダー・コートを抜いていきます。この時、尾根部のコートまで抜き過ぎないように注意します。抜き過ぎてしまうと尾付が低く見えたり、背線が歪んで見えてしまいます。尾は高い位置で保持されなくてはいけません。

2

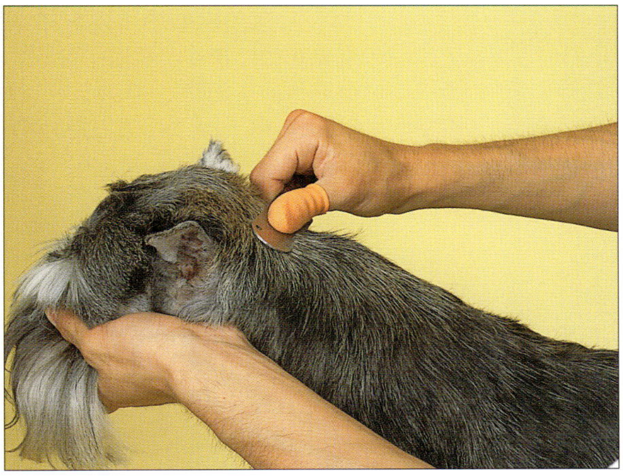

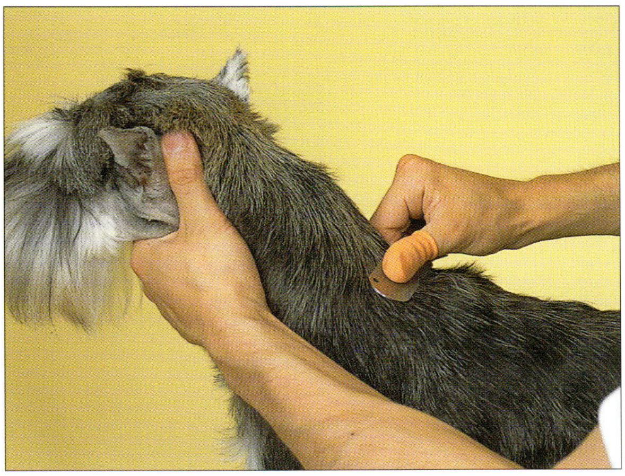

十字部が抜けたら、そこを底辺にオクシパットから尾根までのトップ・ラインをつくっていきます。ネックに頭部を高く保持できるだけの力強さと筋肉を表現するため、オクシパットからわずかにアーチを描き、尾根までなだらかに傾斜していきます。トップ・ラインによって、アンダー・コートを残す量（コートの厚み）を調節します。

3

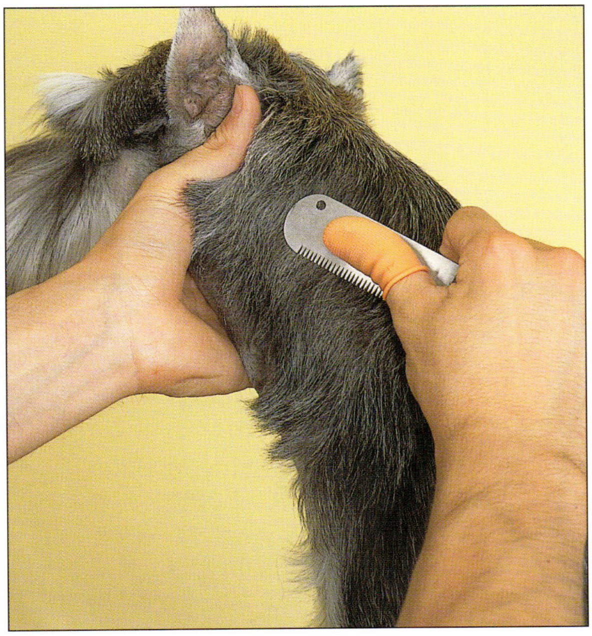

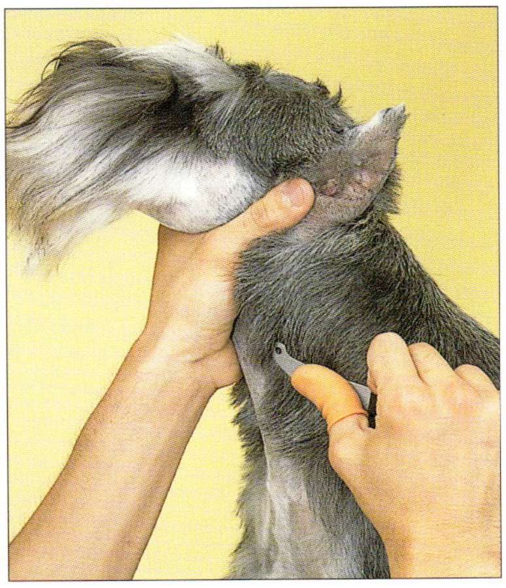

トップ・ラインがつくれたら、サイド・ネックに移行します。肩甲骨の隆起に注意して、首から肩にかけて滑らかに混ざり合うようつなげ、ほどよい長さと太さのすっきりした頸をつくります。

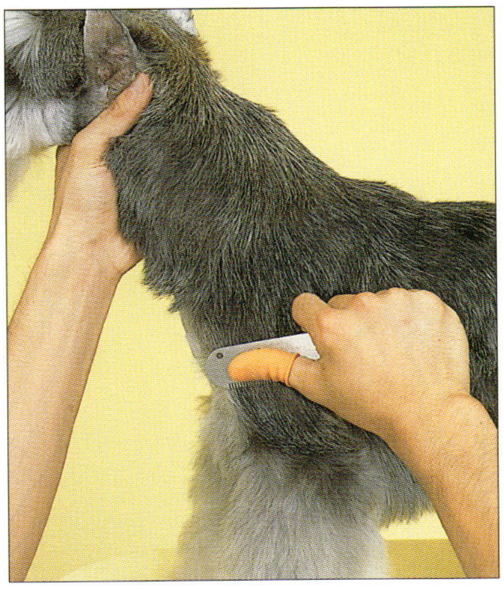

4

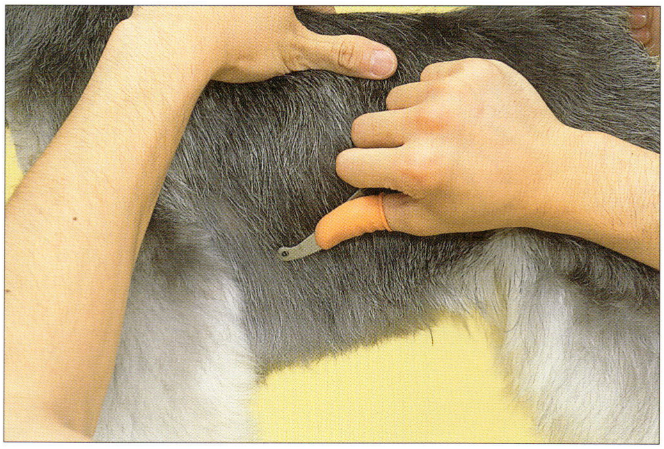

サイド・ボディは船底型の胸郭をイメージして、肋の丸みを付けます。特にイマジナリー・ライン付近をうまく処理しないと、これらの表現が不十分になってしまうので注意します。

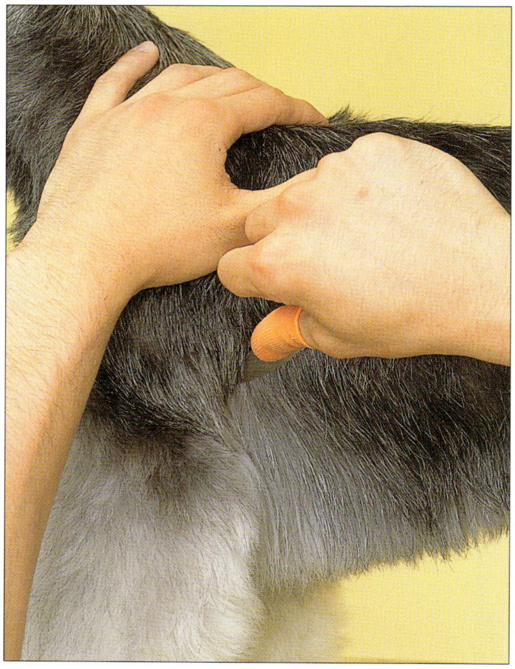

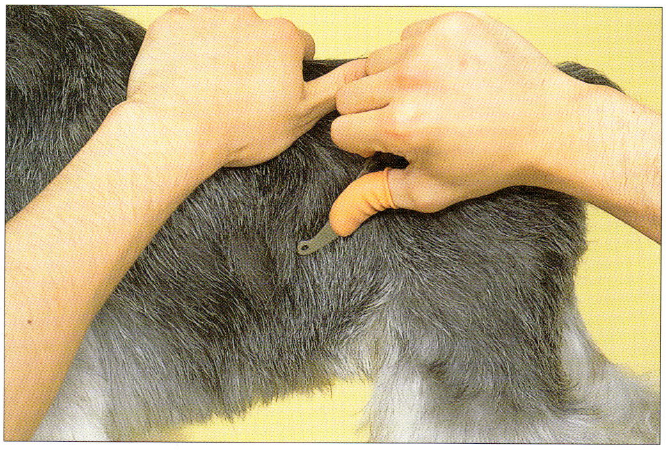

タック・アップ部はナイフが入りづらいところです。被毛をしっかりと引き上げて手首を返して行います。
オーバー・コートが長くなると明確なタック・アップが表現できませんので、マメに処理が必要です。決して巻き上がったような表現をつくらないようにしてください。

腋窩の処理は大変難しい部分で、「ナイフの正確な角度」と「加える力」との関係をとらえる必要があります。ナイフの移動を間違えると飾り毛まで抜いてしまい、腋窩はさらに窪みが深くなり、歩様時には肘と腋窩との間が空いてしまい肘は緩んだ状態を示します。

5

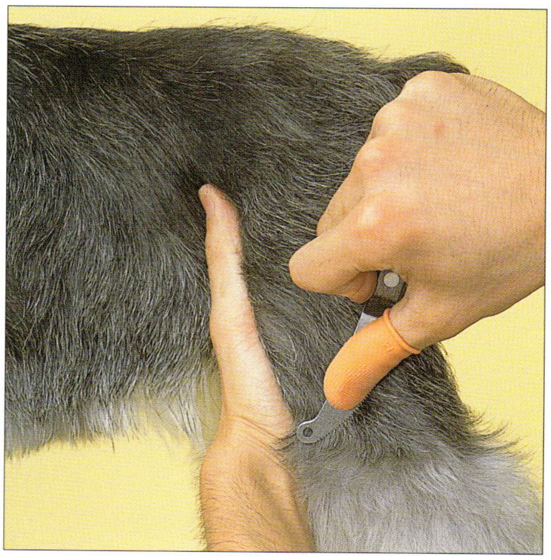

後肢に移ります。
大腿部をしっかりと張って作業を行うことが求められます。親指をタック・アップ部に置き、残りの指は大腿部内側をしっかりと支えます。指先を少し丸め込むように力を加えて保定します。大腿の筋肉の隆起に注意して、イマジナリー・ラインまでコートを処理します。

5'

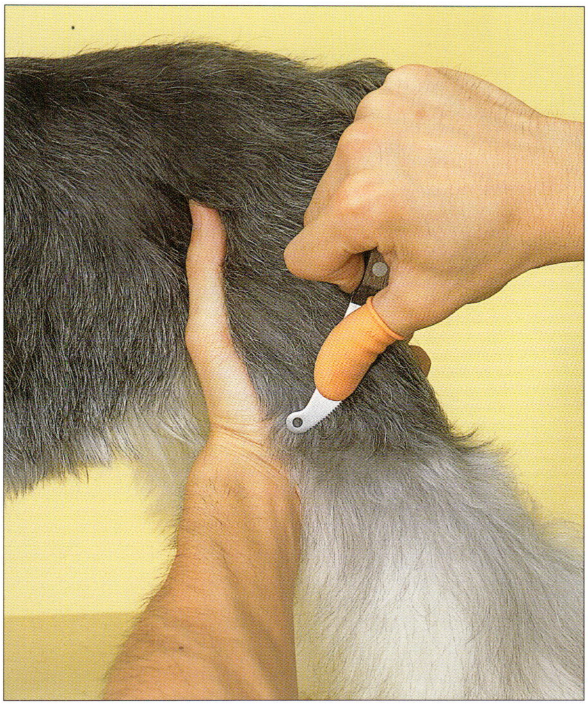

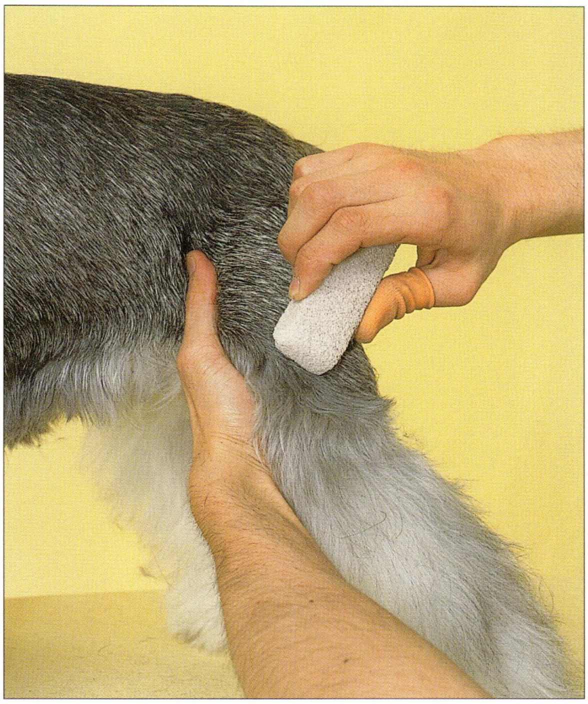

イマジナリー・ライン付近はコートの状態によって軽石などに道具を換え、穴が開いたり、コートが浮かないようきれいに処理します。

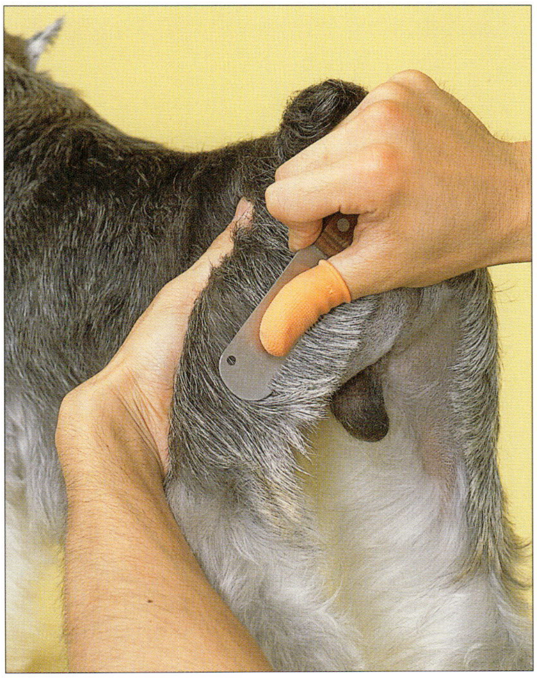

クリッピング部分との境目をしっかり抜くことで、ブレンディング作業をスムーズにします。

6

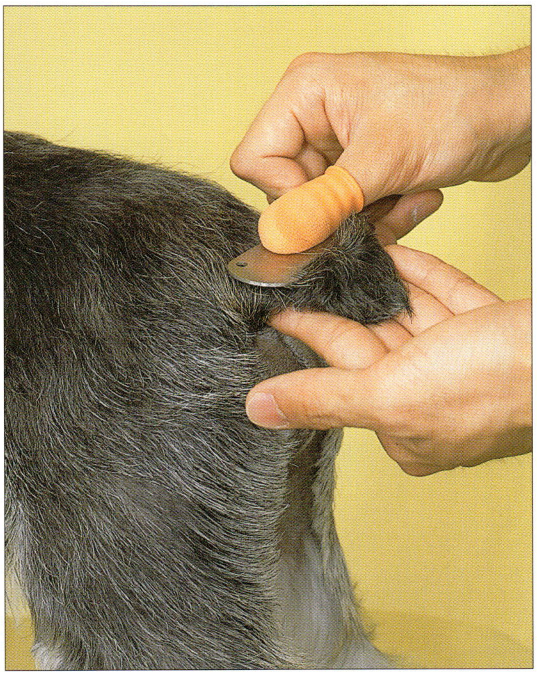

尾のアンダー・コートを抜きます。
右手で尾の裏を支えて、尾を床に平行にします。ナイフの刃先を尾に平行に当て、少しずつ抜きます。刃先を立ててしまうとオーバー・コートが切れて尾は細くなり、位置も低く見えてしまいます。

7

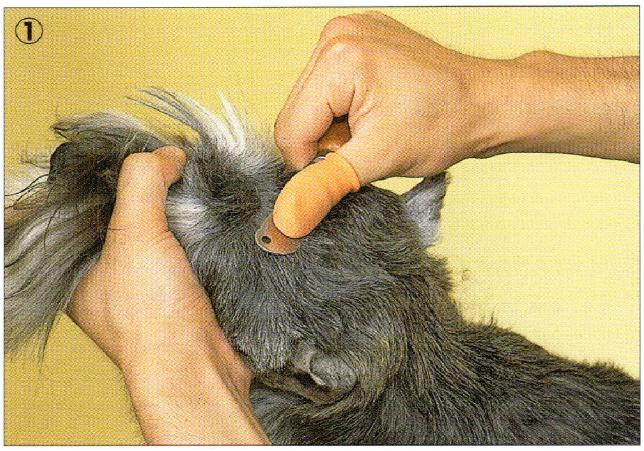

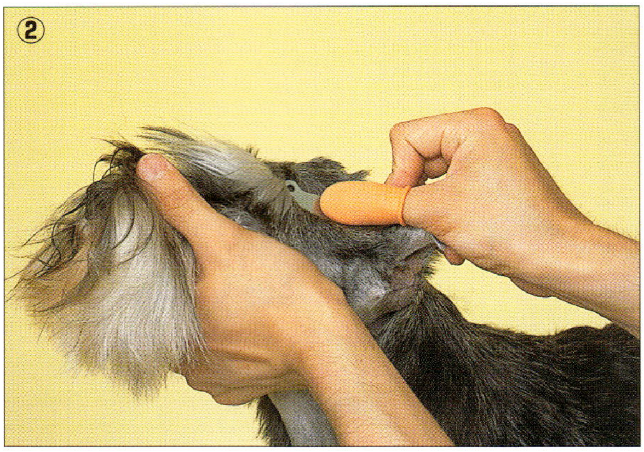

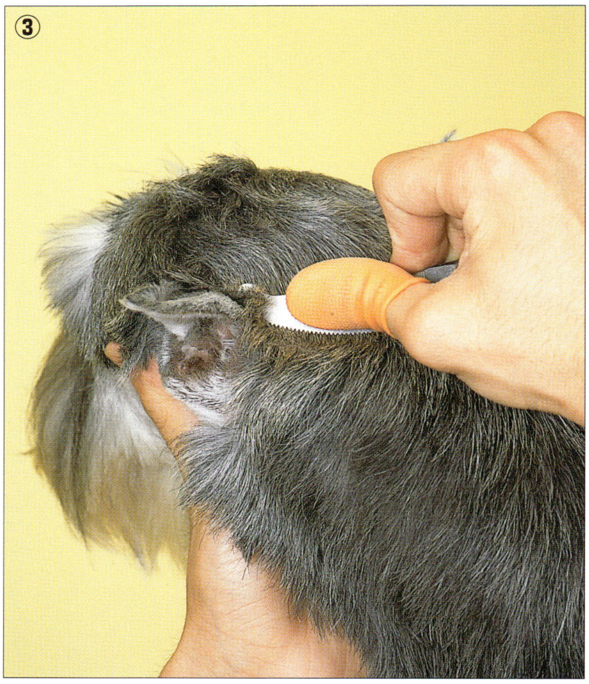

頭部のアンダー・コートを抜きます。頭部のアウター・コートはボディと比べると細く短いので、特に目の細かいナイフや軽石を使います。側望した時、頭頂部が平らで、鼻梁部と平行になるように処理します。頭部はナイフを当て過ぎたり、軽石で強く擦り過ぎてしまうと出血したり、穴が開いてしまうので注意します。ストップはナイフが入りづらいので、軽石を使うとよいでしょう。

①目の細かいナイフで頭頂部を処理します。頭頂部が平らになるようにアンダー・コートを処理します。
②目尻から耳の上方付根と、イマジナリー・ラインとの間の三角形の部分の処理です。ナイフはできるだけ床に垂直に移動します。
③耳の後方は毛流に沿ってナイフを移動し、アンダー・コートを処理します。

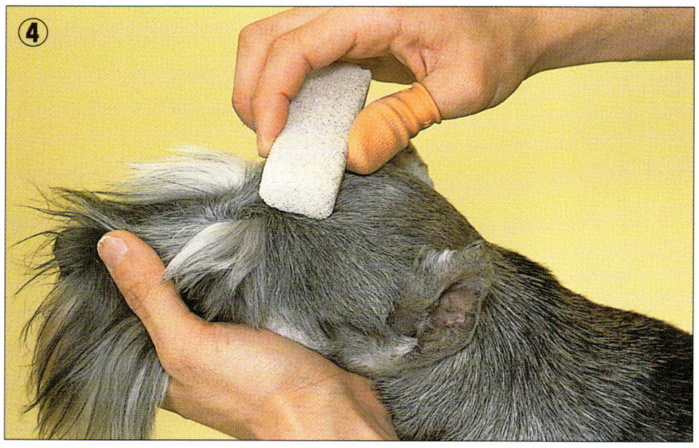

④ナイフ掛けが終了したらさらに軽石を使用してコートをなじませます。
⑤ストップは軽石の角などを使用して軽く仕上げます。この時ノーズ・ブリッジ上の髭を親指と人差し指で押さえ、ストップのコートを張らせます。

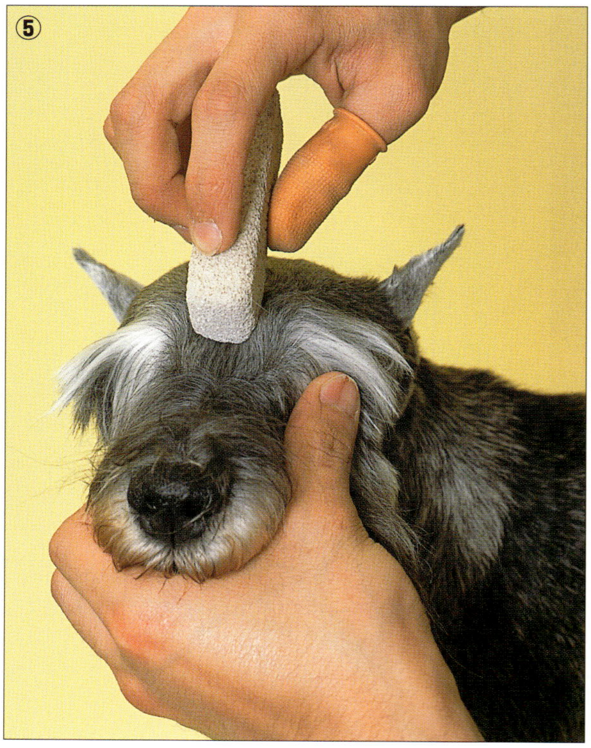

ナイフ（2）アウター・コート

Grooming of
Miniature Schnauzer

1

①

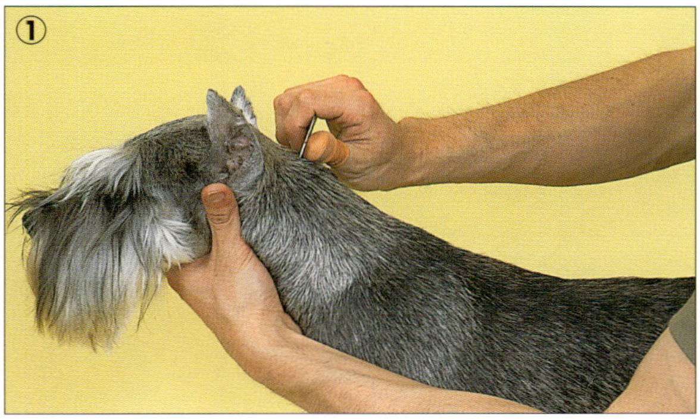

ナイフをアウター・コート用に持ち替え、アウター・コートの処理に移ります。レーキング時のナイフは皮膚に対して直角に当て、コートを浮かせて、コートをナイフと親指で挟んで、親指にナイフを引き寄せるように使います。常に皮膚を緊張させ、毛流に沿って全体を均一の厚さで抜き、その後微調整していきます。シュナウザーのコートはとても切れやすいので、できるだけ力を抜き、毛流に沿ってリズムよく行います。

②

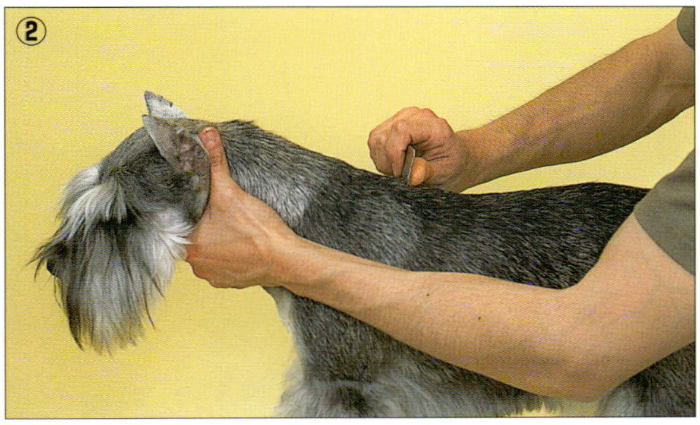

まずキ甲を決め、オクシパットからキ甲、キ甲から尾根に向けてトップラインを抜きます。アンダー・コートの処理で補正しきれないトップラインの場合、アウター・コートを抜いて補正を行います。

③

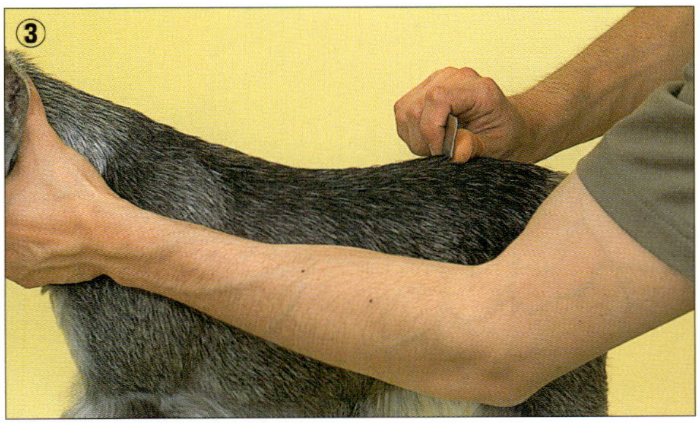

ナイフの当て方

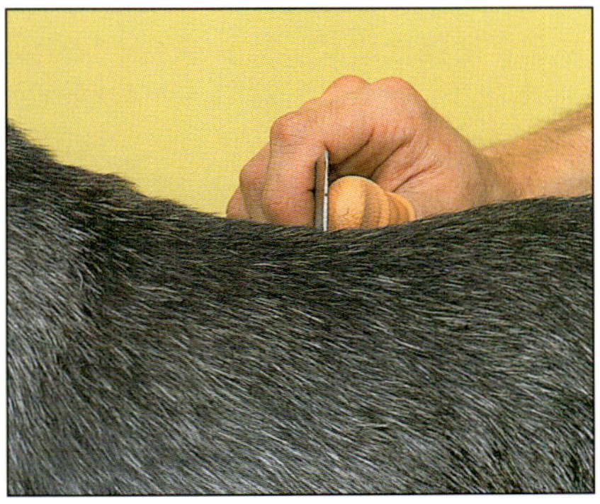

2

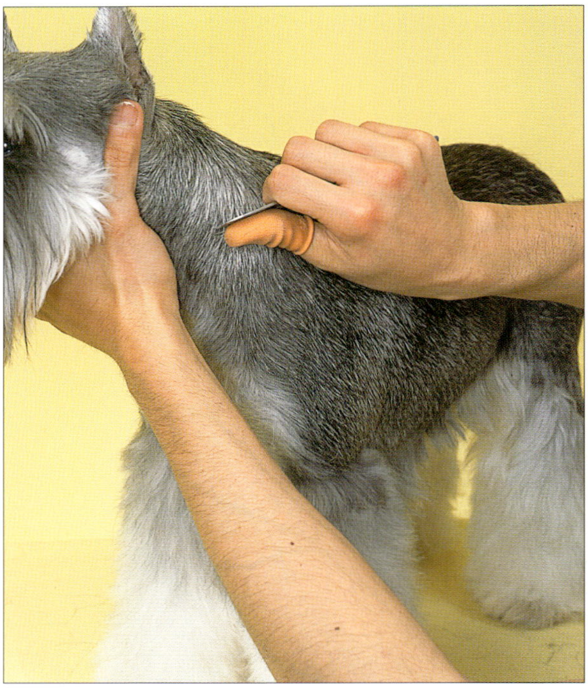

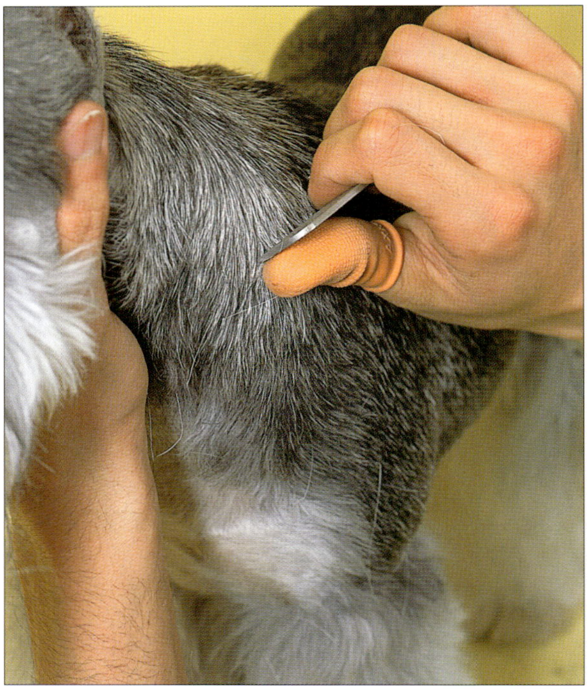

トップラインの次は、サイド・ネックから上腕部のイマジナリー・ラインまでを抜きます。肩甲骨と上腕骨の位置や接合する角度（90〜110度）に注意してコートを抜きます。また、肩と上腕部のコートを少し薄くして、それぞれの筋肉を表現します。

3

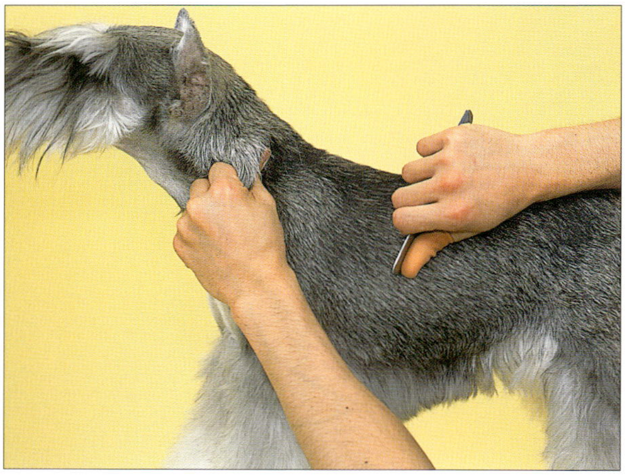

サイド・ボディを抜きます。トップラインを変えないように、浮いたコートや十分なコートを均一に抜きます。前駆から後躯へとつながるように、肋の丸みを表しながら抜きます。タック・アップの巻き上がりのきつい犬体は、コートを多めに残すなどしてタック・アップの取り方を工夫しましょう。

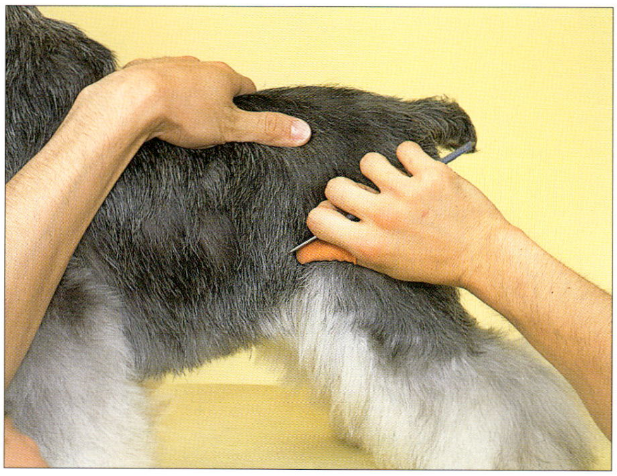

4

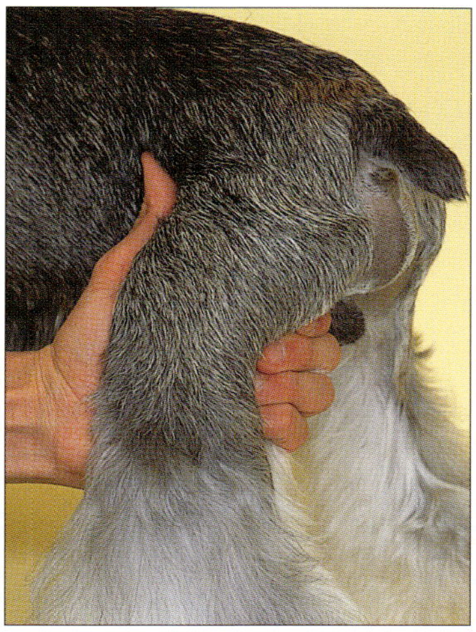

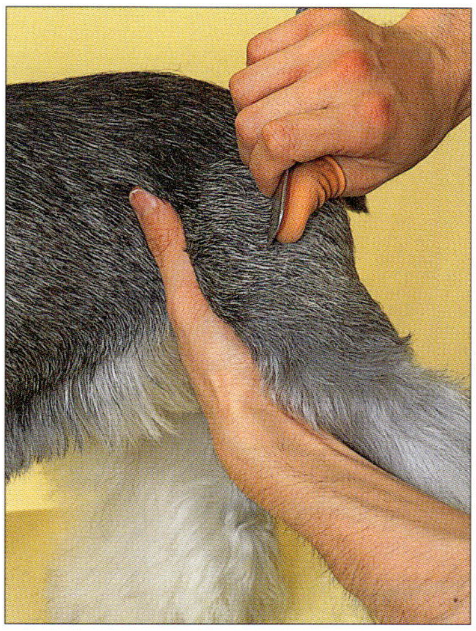

大腿部を抜きます。歩様時に十分なスライドと推進力を感じさせる筋肉・骨格を表現します。そのため大腿部は平らにせずアーチを描くように抜きます。大腿を内側から包み込むように持って皮膚を張り、後方へナイフを移行させていきます。

5

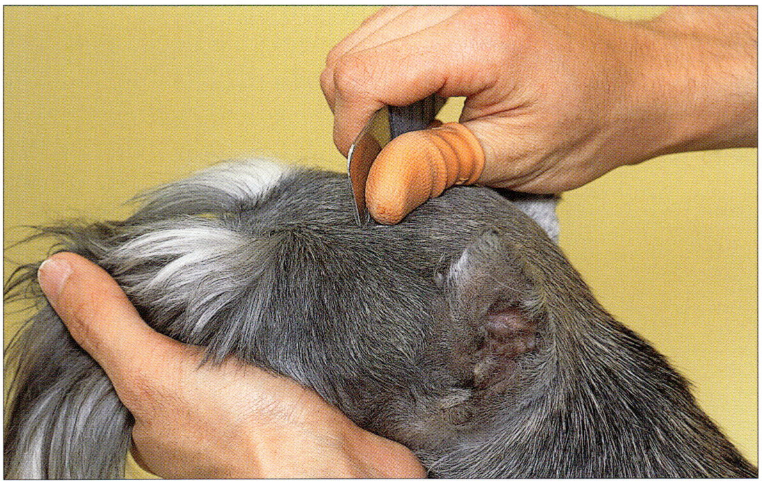

頭部は特にコートが細かいので、力加減に注意して抜きます。頭部は上望した時に長方形で、側望した時に頭頂部が平らになるようにします。ストップや眉のラインがぼやけていると、表情（シャープな表情であること）が変わってしまうので、特に丁寧に処理します。

6

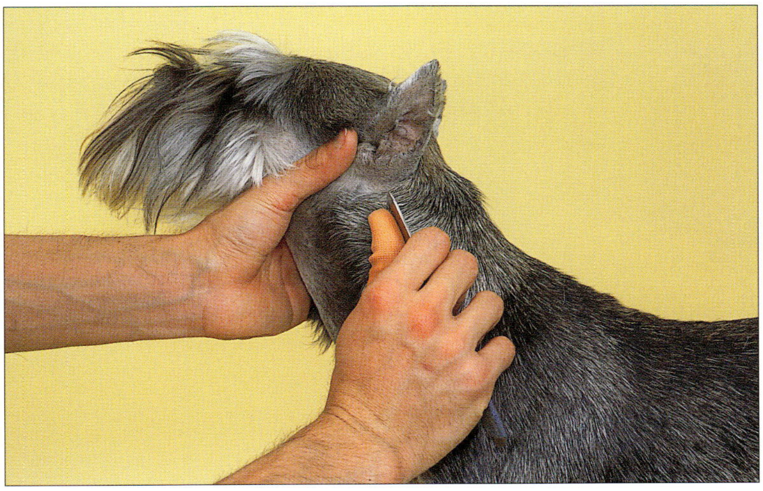

全体に手が入ったら、サイド・ネックと上腕部のクリッピング部につながる部分を多めに抜いておきます。ここを取ることで、次のブレンディング作業が容易になり、さらにネック前面がすっきりするので体長を詰めて見せる効果も得られます。肩甲骨と上腕骨の角度が変わらないように注意します。

7

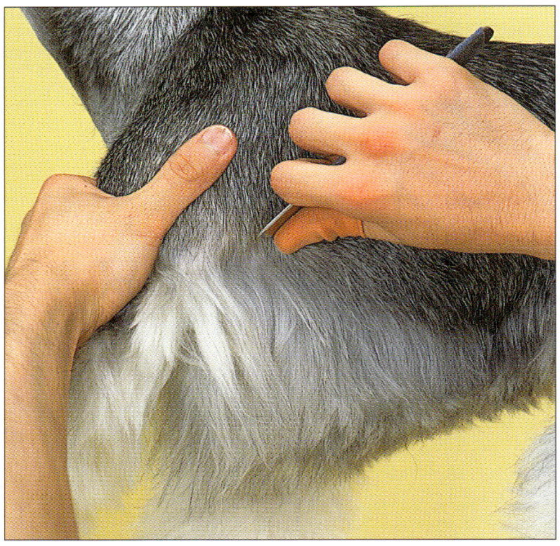

腋窩を抜きます。ミニチュア・シュナウザーの肘は、ボディに密着するようにつくります。腋窩のコートが浮いていたり、多くのコートが残ると肘が外向して見えてしまうので注意します。また、ぼやけていると上腕とボディのメリハリがなくなってしまいます。

8

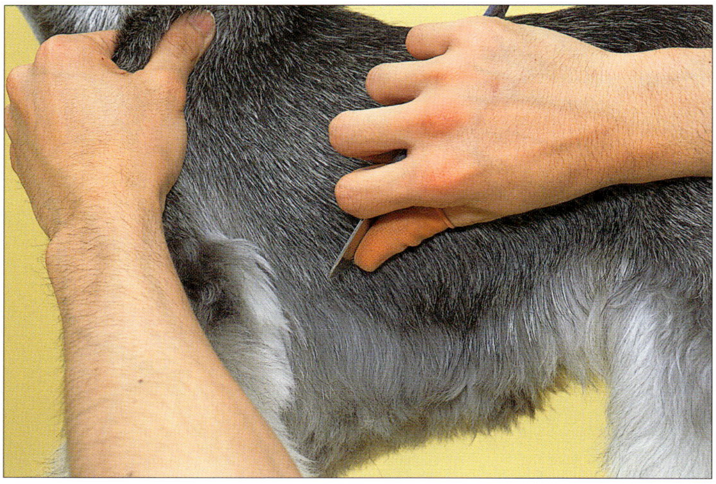

船底型の肋をイメージし、丸みを付けながらボディに沿ってイマジナリー・ライン付近を処理します。コートが長くなっていると、コートが外側へ広がってボディの丸みがなくなってしまったり、ラインがぼけて締まりのないボディになってしまうので、ボディ全体のバランスを見ながら丁寧にライン付近のコートを処理します（ナイフだけでなく、軽石や指なども使っていきます）。

9

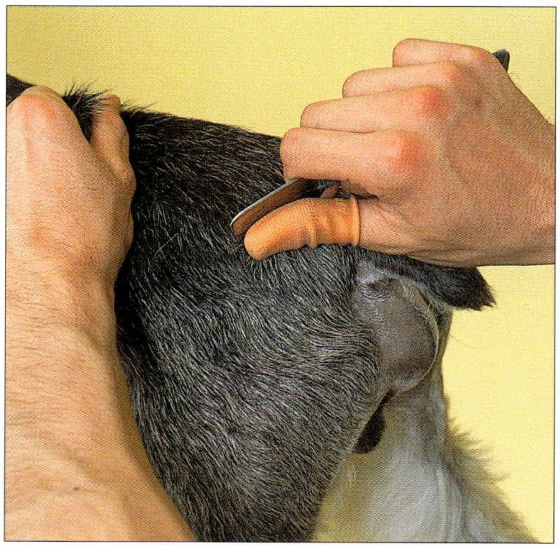

腰部には寛骨があり、その角度表現も大切になります。左右の寛骨の間は水平に処理をし、左右の大腿部のラインとを台形に形づくる必要があります。ミニチュア・シュナウザーの腰は丸すぎる印象を持ちません。従って、コートの厚さを変化させ、台形になるように形づくってください。

9'

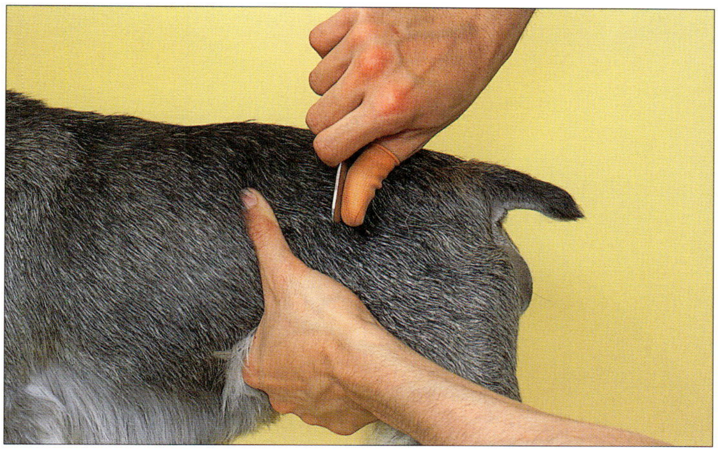

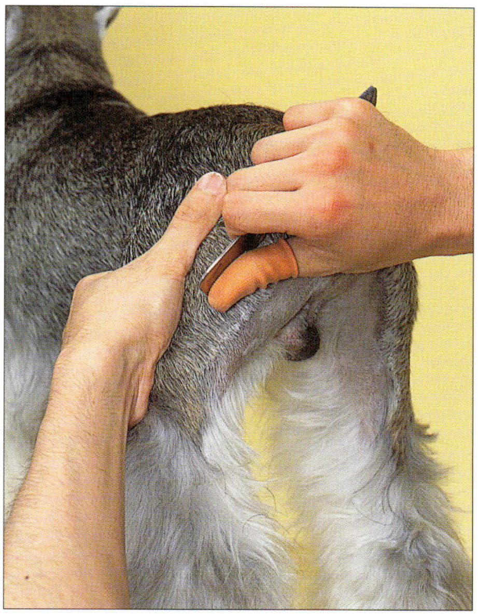

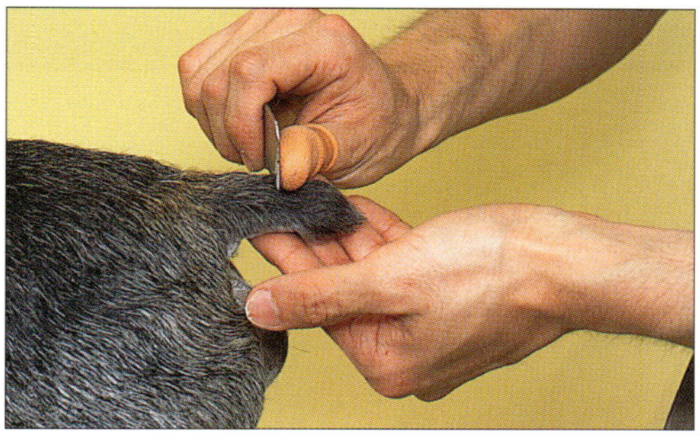

腰部の台形が仕上がったら、尾もレーキングを行います。先端に丸みを付け、尾根と尾先がほぼ同じ太さになるように仕上げます。

10

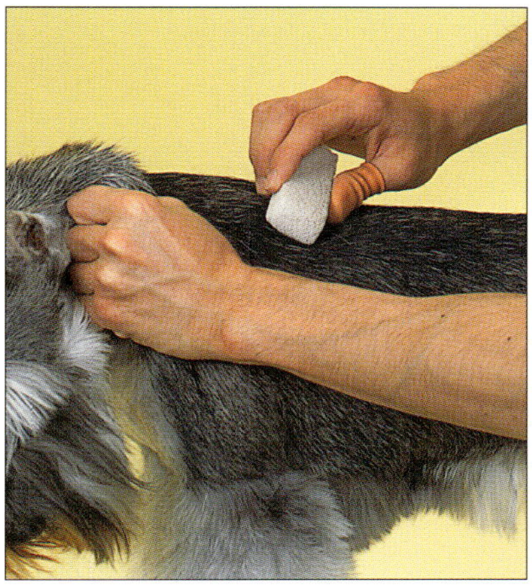

最後に全体を見直し、仕上げに軽石を全体に毛流に沿ってかけて行きます。
こうすることで、抜けきらなかったデス・コートが剥げ、いっそうコートが落ち着きます。

コート仕上がり

ブレンディング

Grooming of
Miniature Schnauzer

1

喉と胸のクリッピングした部分と、ボディ・コートとの境をスイニング・シザーでブレンディングします。この部分の毛流は前胸部の毛渦へと巻き込まれるように流れています。できるだけ犬体の細かいコートの流れを読み取って、スイニング・シザーを使用してください。

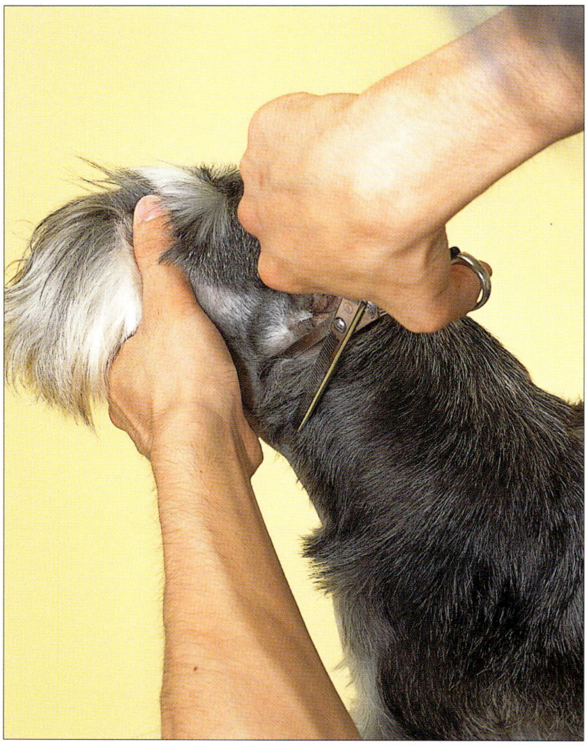

2

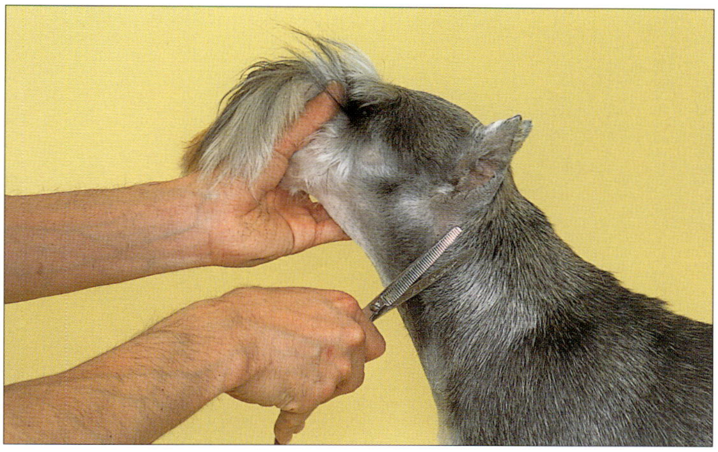

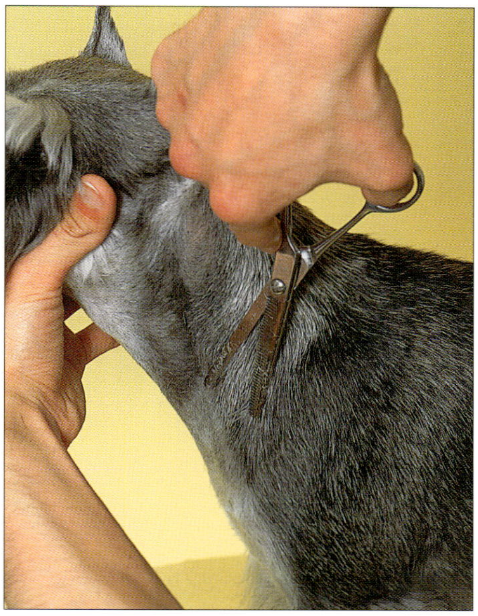

ブレンディング部分で最も範囲が広く、重要な部分です。耳の後方からサイド・ネックを通り、上腕骨と前腕骨の関節部までの長いブレンディングで、クリッピングした喉、胸とボディ・コートをつなげます。毛流に沿ってスイニング・シザーの刃先を使用し、サイド・ネックの角度に合わせてスイニングします。スイニング・シザーは入れる角度によって穴が開いたり、同じ場所を繰り返しスイニングすると必要以上にコートが薄くなってしまうので注意して行います。浅くも深くもなく、第5ステージのパーツ部分でつなげます。

3

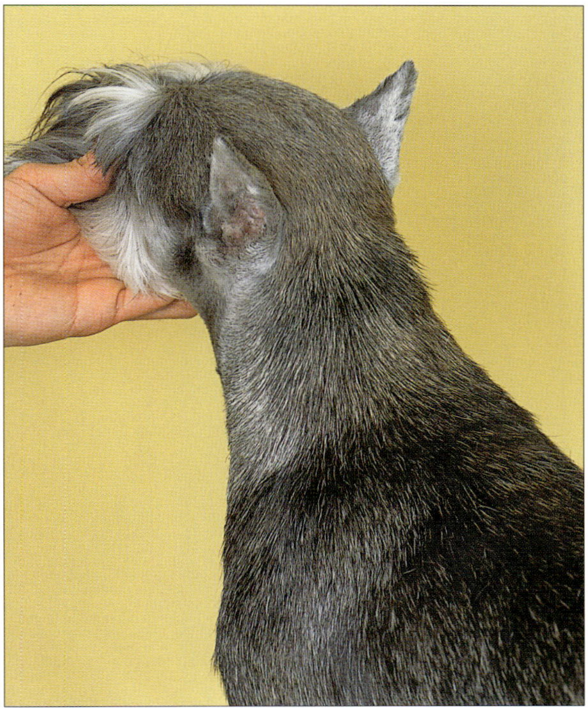

斜め後ろから後望したときのラインが歪んで見えないよう、なだらかにつくります。

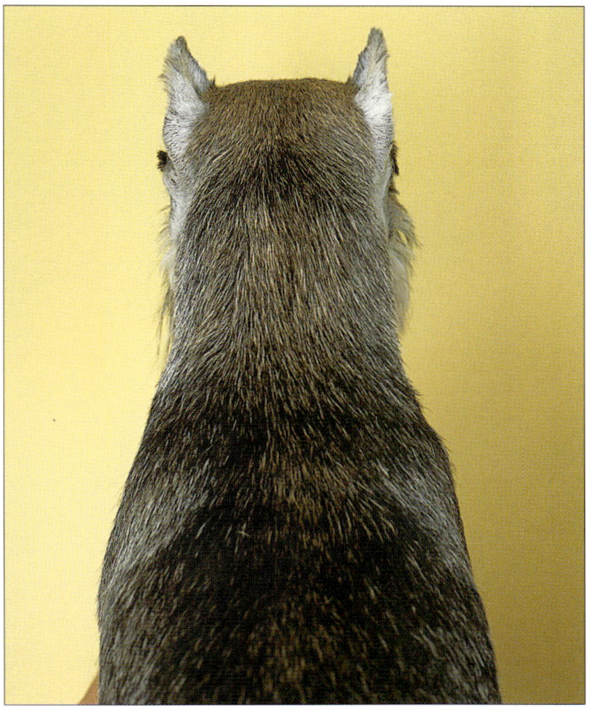

左ネック・ラインのブレンディングが終了しました。ブレンディング前の右ネック・ラインと比較してください。

4

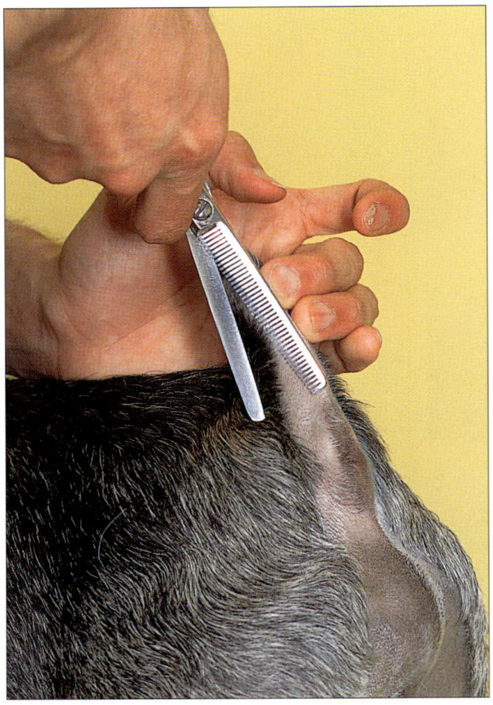

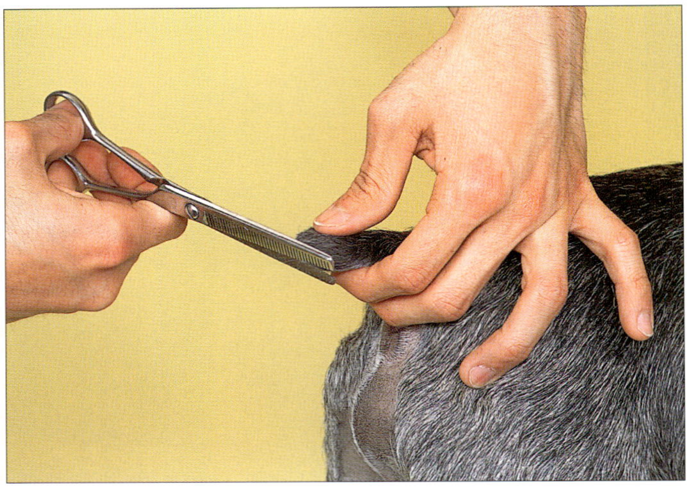

尾のブレンディングは、必ず尾を直立させた状態で作業します。外側のライン上をブレンディングしていきますが、切り過ぎると尾は細く弱々しくなるので注意します。
テリアの断尾した尾先は丸くつくります。付け根は坐骨結節につながるように整えます。

5

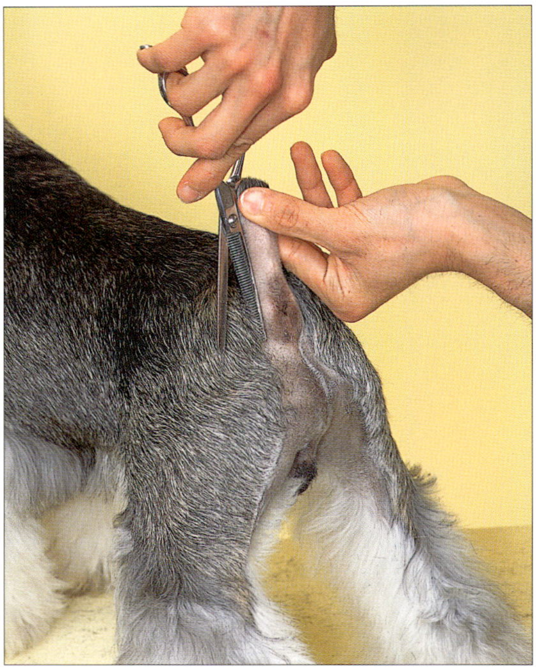

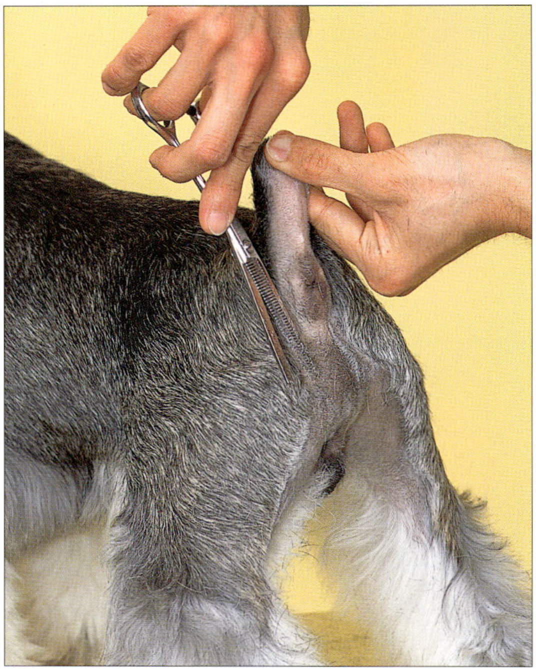

側望して、尾根部より結節につながるようにブレンディングします。犬体を正しくスタックした時に、尾から結節までのラインが一直線状になるようにします。一直線状にすることで、尾付を高く見せる、体長を詰める、尻を丸く見せないなどの効果が得られます。

6

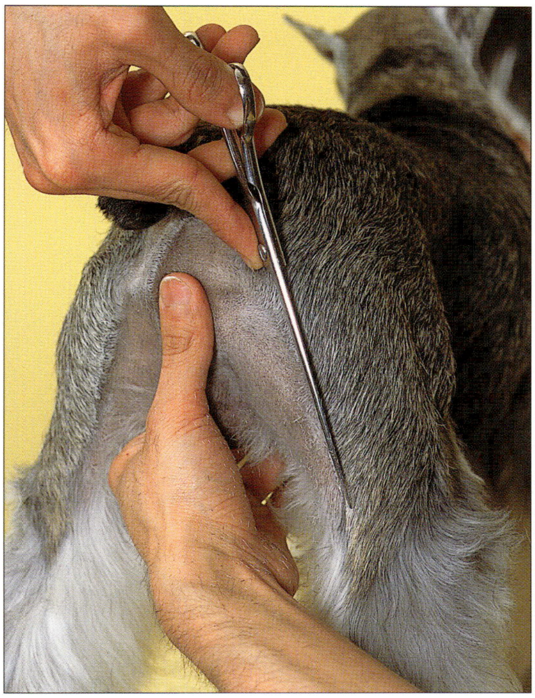

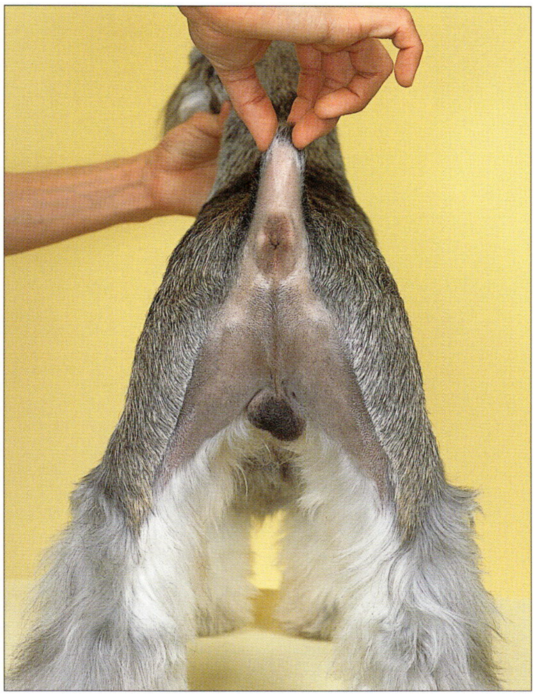

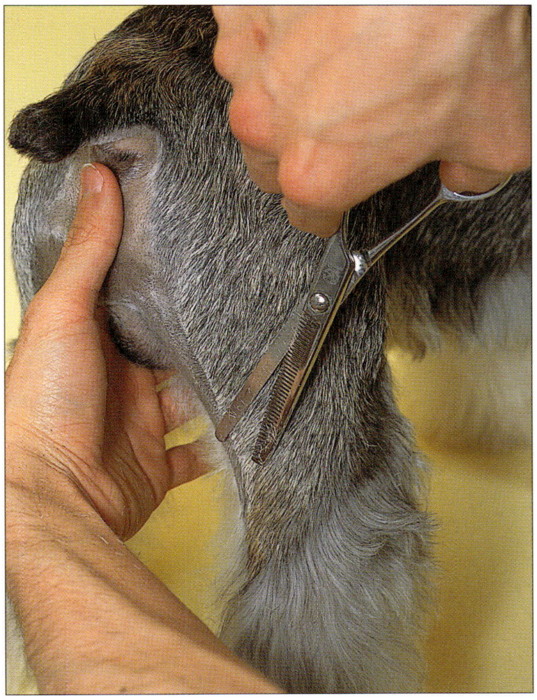

次に、結節から両飛節までの3指のポイントをシザーでつなぎます。その後、毛流に沿ってブレンディングします。これによって、後望時のAラインの表現と側望時のスロープの角度を表現します。オーバー・アンギュレーションにならないように注意してください。

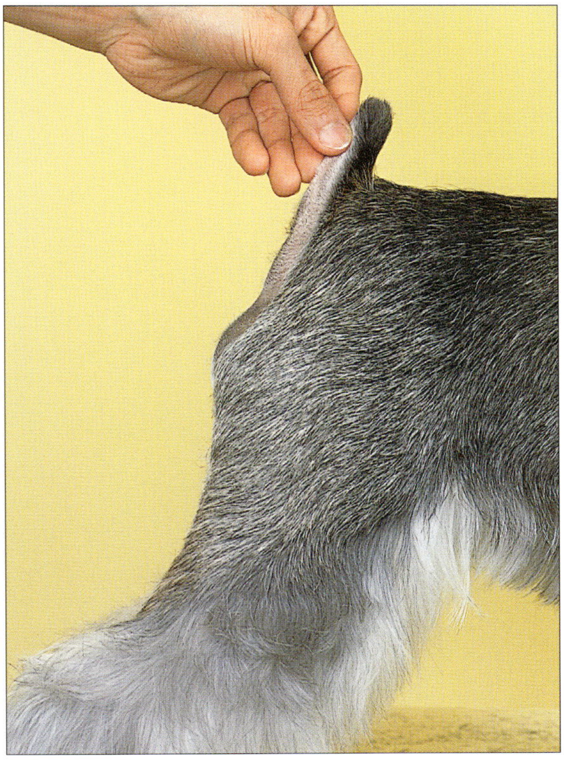

後躯ブレンディングの仕上がり

Grooming of
Miniature Schnauzer

シャンプー〜ブロー
クリッピング
ナイフ
カット

カット

Grooming of
Miniature Schnauzer

1

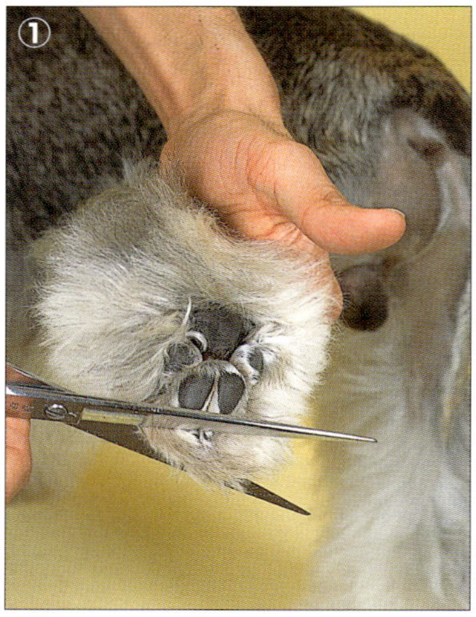

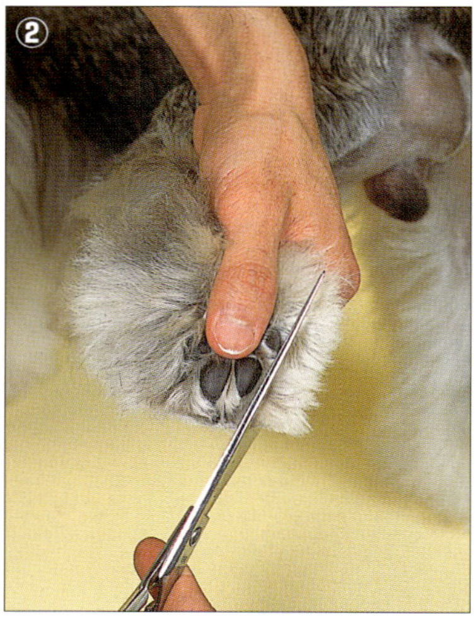

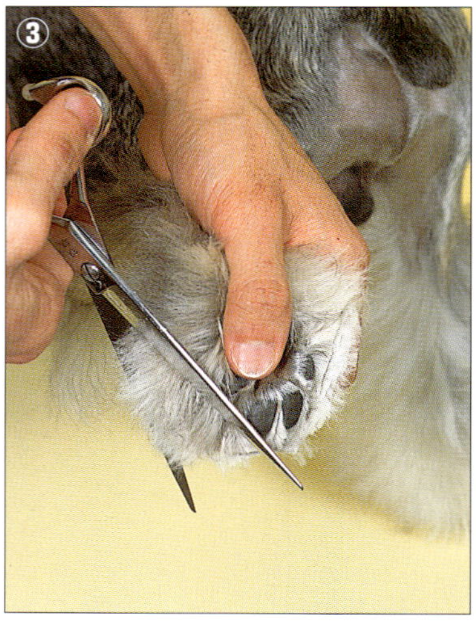

①後肢足周りの下処理を行います。左手で足根部を持ち、犬体が動かないように支え、第３・第４鉤爪に平行にシザーを当てて切ります。カット面は、後肢をテーブルに置いたときテーブル面にできる限り平行にあることが望まれます。
この足周りのラインは、後ほど後肢を仕上げるときに補整し、正しいカット面に修正します（後肢が内、外向している場合など）。

②第２鉤爪に向けてシザーを斜めに入れて（斜線になるように）切ります。①で使用したシザー角度を確認し、同角でカットします。

③第５鉤爪に向けてのカットも同様です。下方・上方どちらからカットするかは、グルーマーの扱いやすい方法を選択してください。

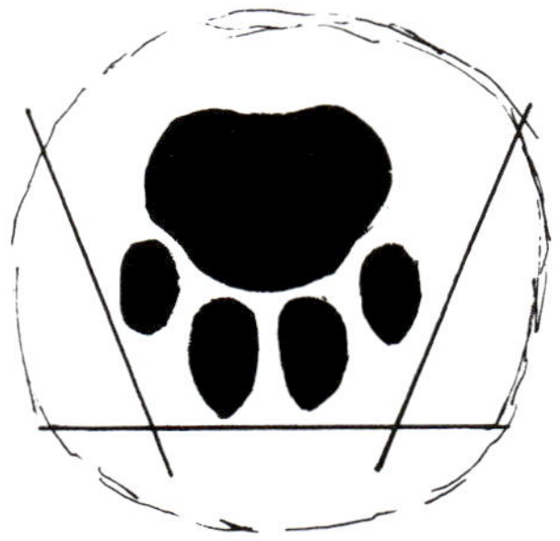

④パッド周囲に台形が作られ、下処理が終了しました。

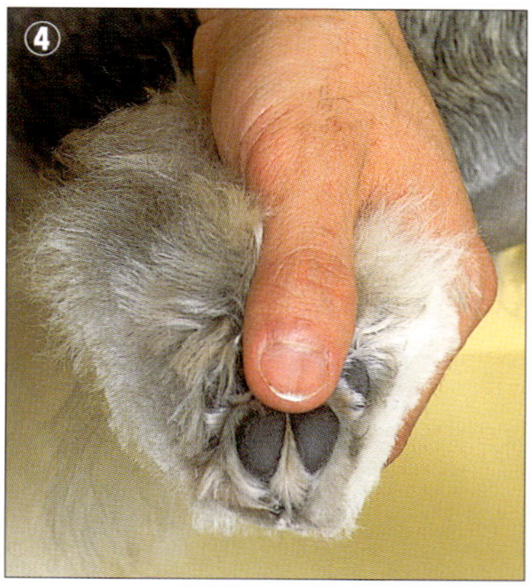

2

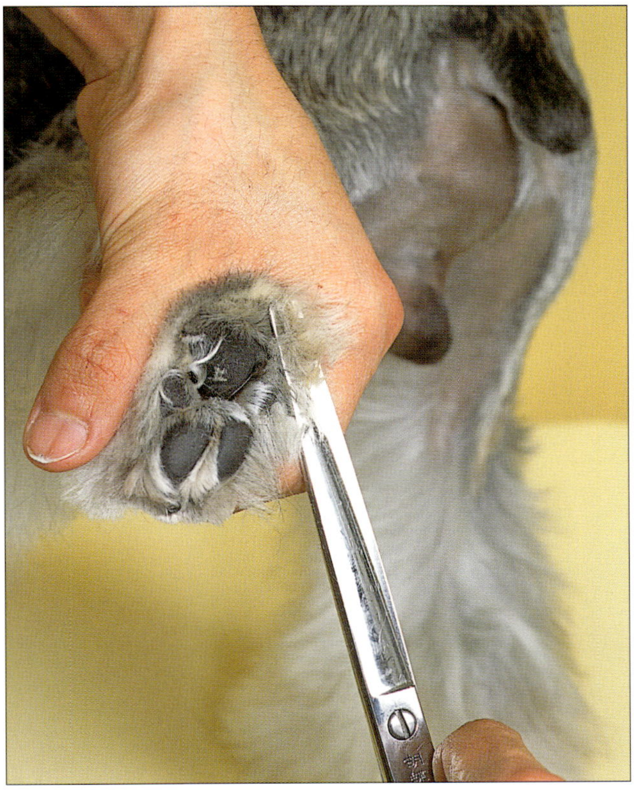

足周り後ろ側の下処理です。親指、人差し指で軽く円を作ります。中心を掌肉球に当て、円の内周から飛び出ている被毛を、円に平行にシザーを当ててカットします。

3

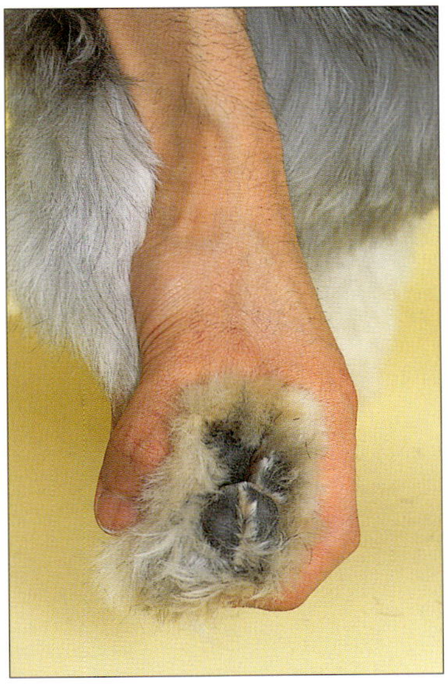

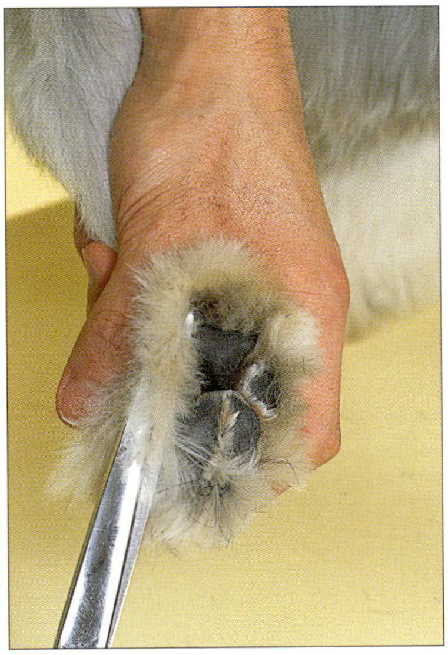

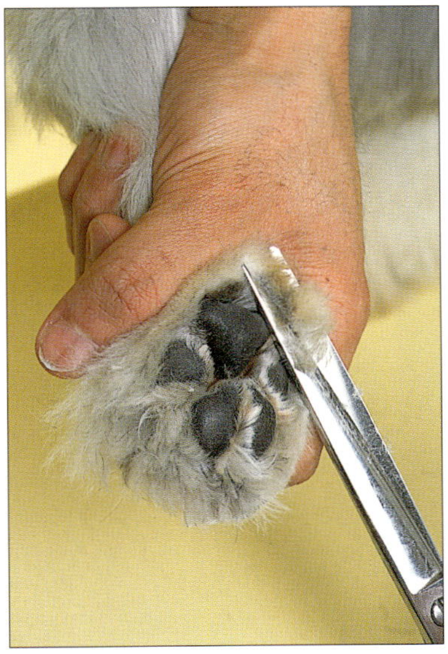

前肢足周りも同様に持ち、パッドから出たコートを円形に切ります。
パッド周囲を握る時は、力の加減を行ってください。強く握ると足周りは小さくなりますし、弱いと広くなってしまいます。前肢の仕上がりの状態に合った足周りをとらえてカットしてください。

4

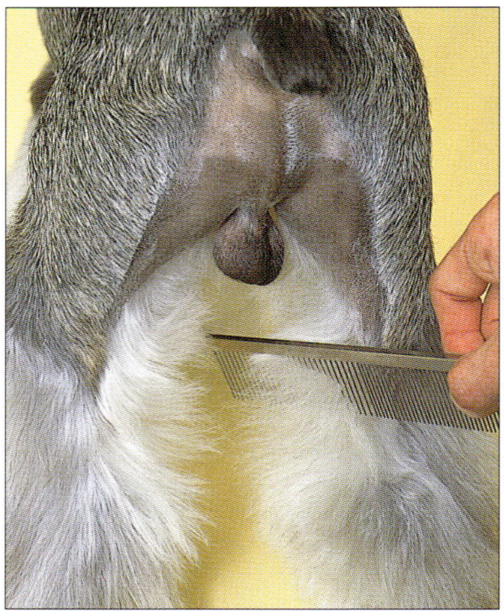

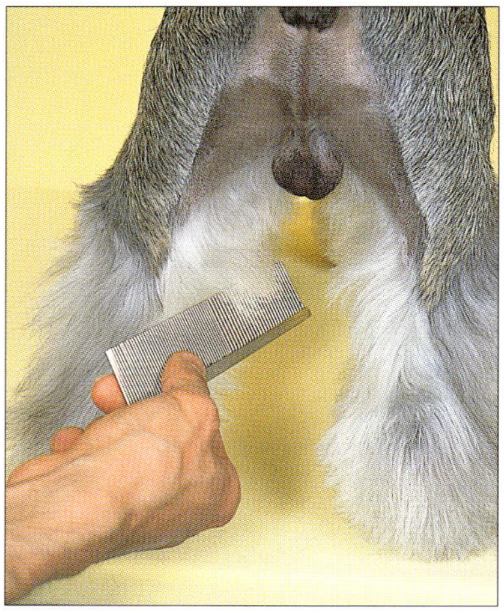

後肢のカットに入る前にコーミングを行いますが、右後肢はコームを下から、左後肢は上から入れ、毛流に沿って開立させます。過度なコーミングを行うと後肢内側の真っ直ぐなカット・ラインがつくれませんので注意してください。コーミングのポイントは、同じ力、同じ角度でコームを入れ、同様に抜くように行うことです。被毛の根元からローリングするようにかき上げて行うと、いつまでも被毛は整いません。

5

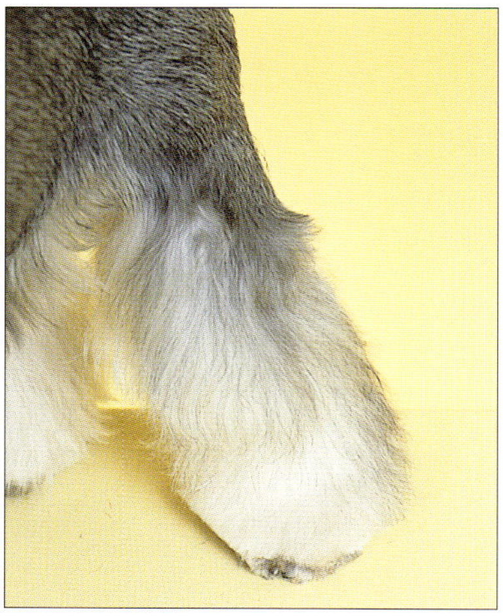

まず、足周りの台形を整え直します。内外向した後肢は、内外側の角度補正を行うとよいでしょう。

6

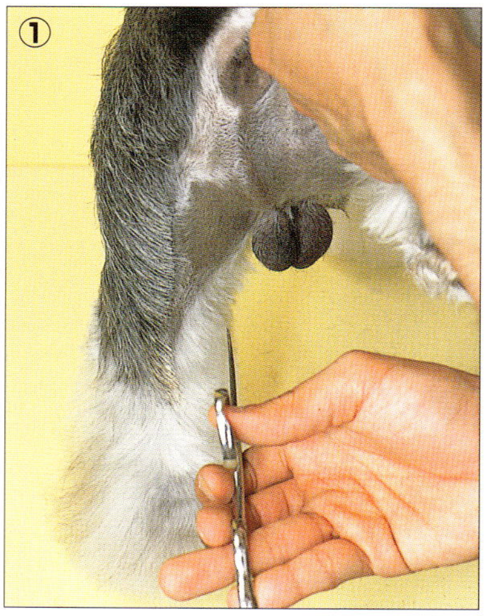

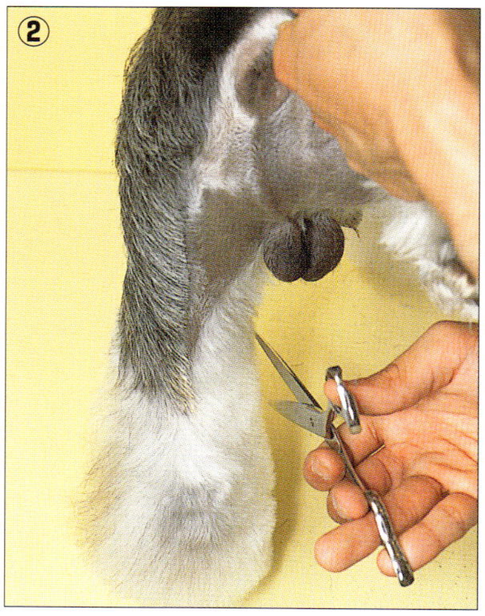

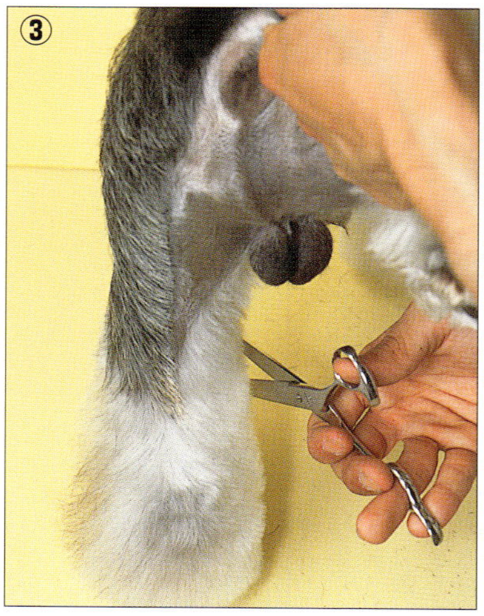

後肢内側のコートを、肢の付け根から真っ直ぐAラインになるようにシザーの角度を変えながら、スタイフルの内側までしっかりとカットします。このラインを切る時、グルーマーの足の角度と位置を、シザーの角度に合わせて移動させることが必要になります。後望してシザーの刃の角度や後肢全体が望める距離を取ることも重要なポイントです。

6'

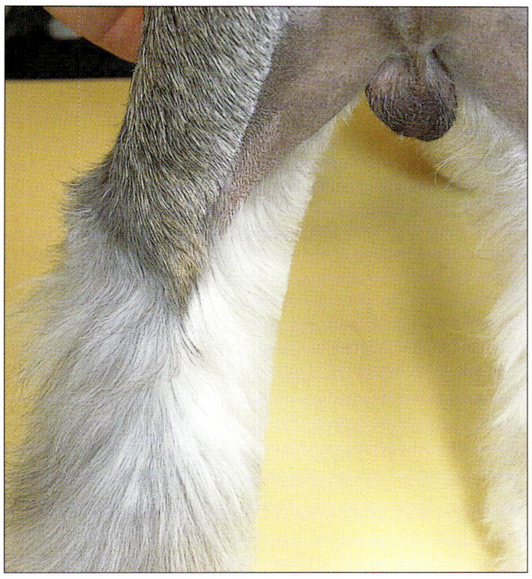

肢は平面ではなく、多くの面から構成されています。それぞれの面の角を取ることによって、どの角度から見てもラインを真っ直ぐに見せるように工夫されています。そのために、シザーの角度を変化させる必要があるのです。

内側の面の仕上がり

7

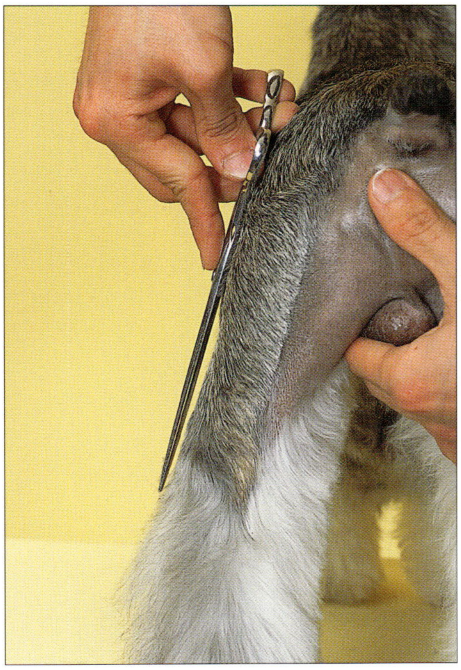

後望して、内側のラインとほぼ平行に外側のラインをカットします。シザーは毛流に沿って入れます。大腿のイマジナリー・ライン上から徐々に下降し、毛流を正確に読み取ってください。

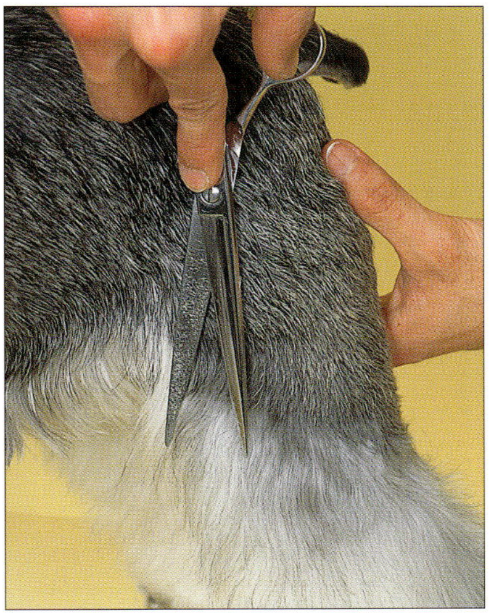

側望の写真です。シザーはイマジナリー・ライン上にあり、ライン上を徐々に下降しますが、スイニング・シザーを使用するときのように同じところの被毛を重複してカットしないように注意してください。シザーは立てて使用しています。

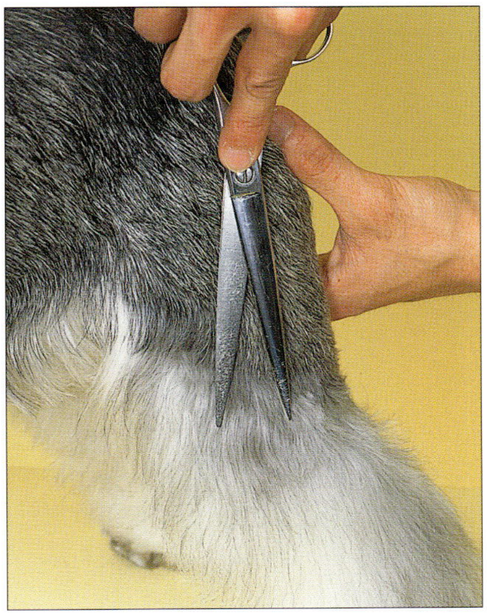

大腿部内側のコートとタック・アップの飾り毛は、後望して見えません。飾り毛が残ると歩様時にO脚に見えます。

7

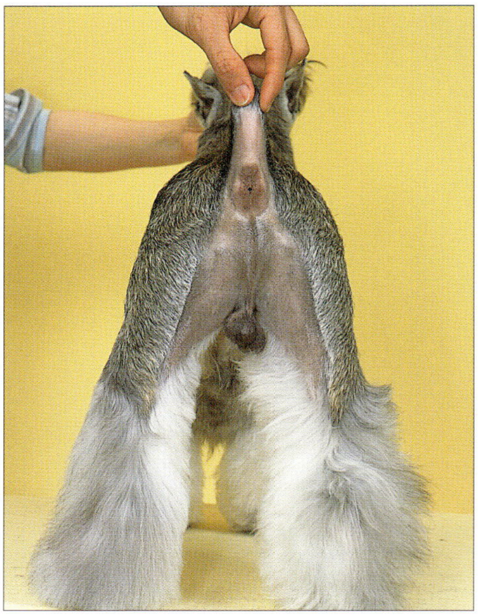

尾根の外側から大腿部へ毛流が合流するラインは、真っ直ぐに後肢の中央に置かれるようにカットします。

8

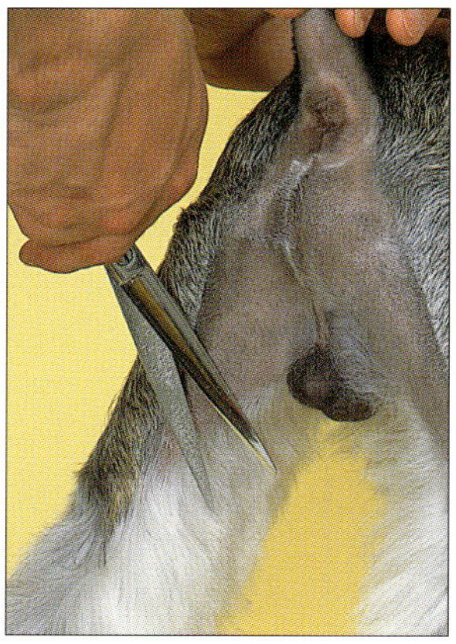

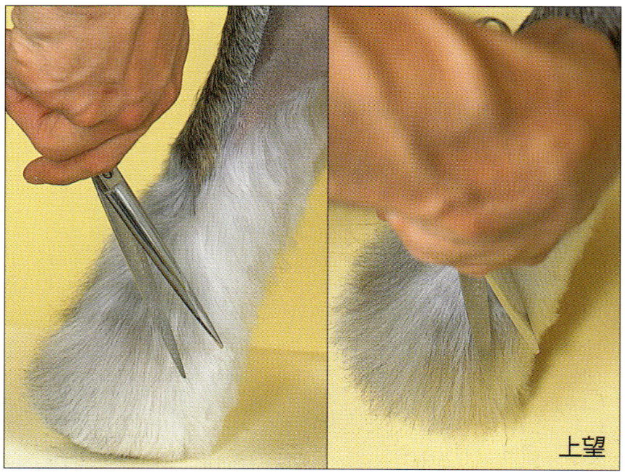

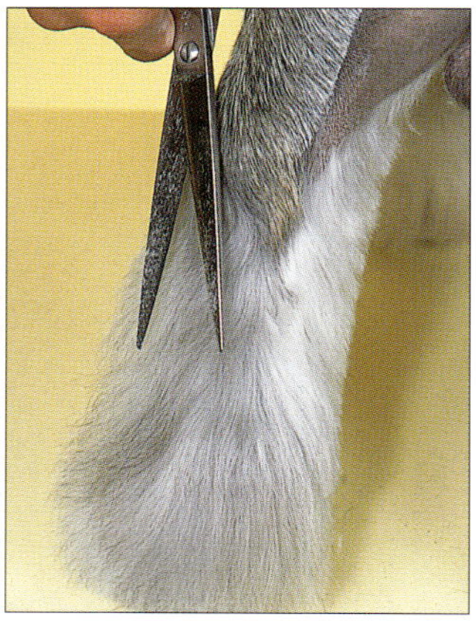

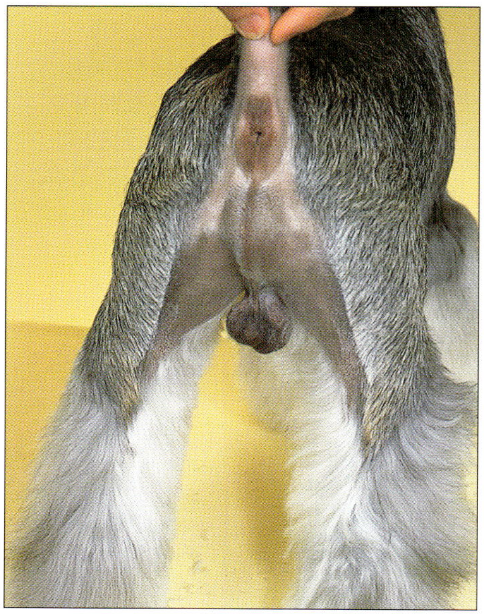

後肢の内側と外側は、ほぼ平行に荒刈りが終了しています(P93.6)。後肢の仕上げを行う時に、それぞれ荒刈りによってできたラインの数と長さを読み取ってください。正確に毛流に沿って内・外側にシザーを入れます。ラインはコート上につくられた角でもありますので、角落としを行うわけですが、本来、肢は四角いものではないので、シザーが正確にライン上を動く作業が求められます。また、飛節の位置を低く見せる工夫と、シャープな肢を表現することが必要になります。左右の飛節の位置はシンメトリーでなければいけません。

9

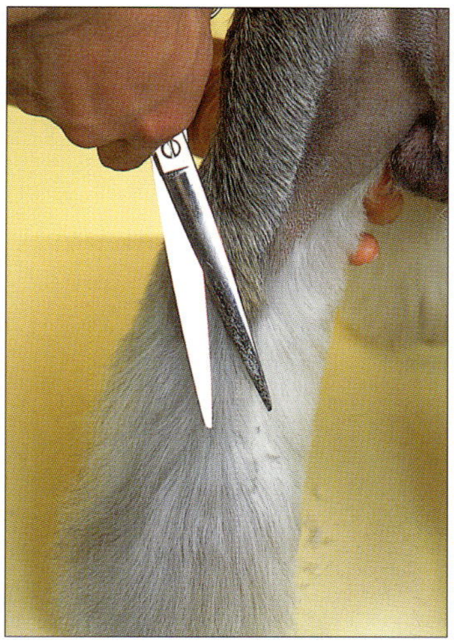

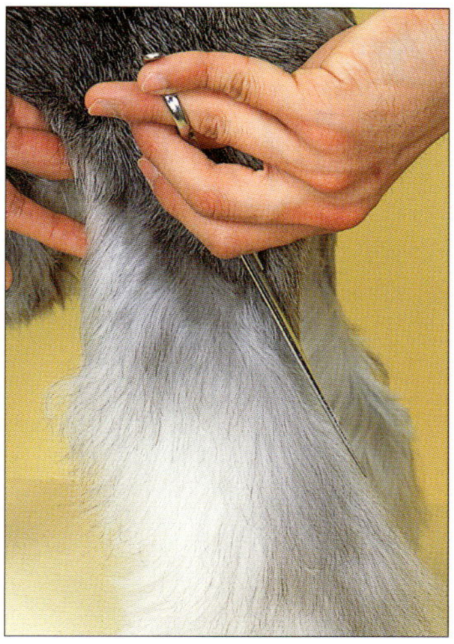

スロープの角度をつくります。
犬体を正しくスタックさせ、坐骨結節から飛節までをカットします。
飛節の位置を低く見せるようにカットします。

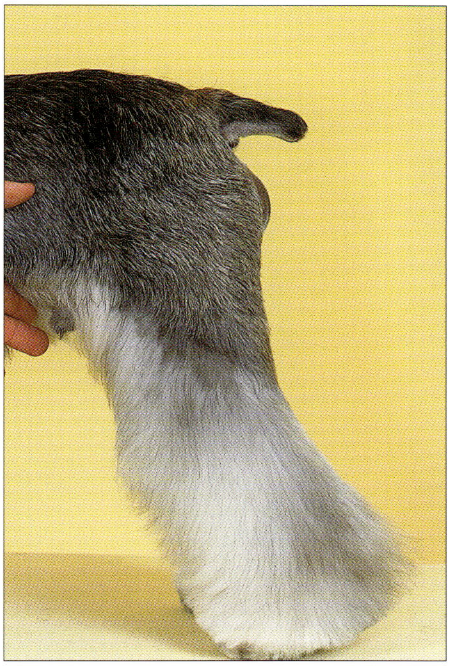

アーチを深くカットしてしまうとオーバー・アンギュレーションになり、ミニチュア・シュナウザーの後肢の理想から外れてしまいます（正しい動きを伴うアンギュレーションを持つためには、下腿骨が大腿骨より少し長く、飛節は低い位置に付くことが望まれます）。

10

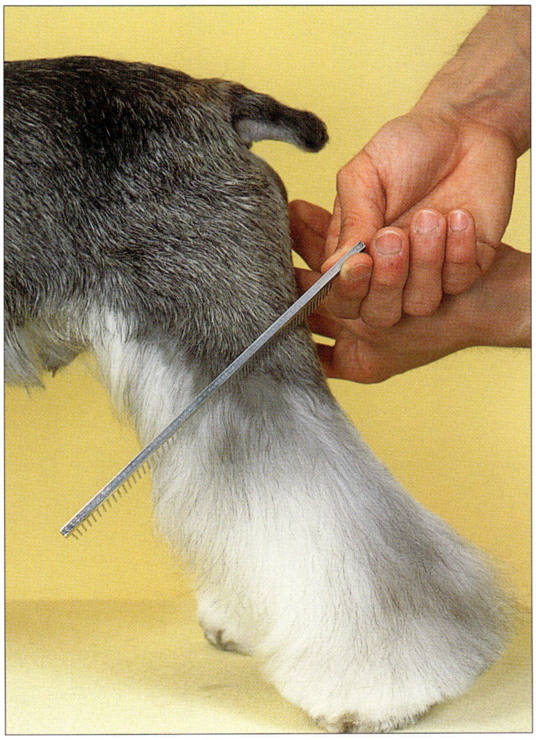

スタイフルから爪先をカットします。後肢の幅の設定は、大腿と下腿との関節部から床に45度の斜線を引き、ボディとのバランス（ボディの大きさを支えられるだけの柱の幅はどのくらいなのか）を考え決定します。後肢のこの部分の幅の決定は、四肢全ての幅の基本になりますので、ボディとのバランスをイメージングして慎重に決定してください。

11

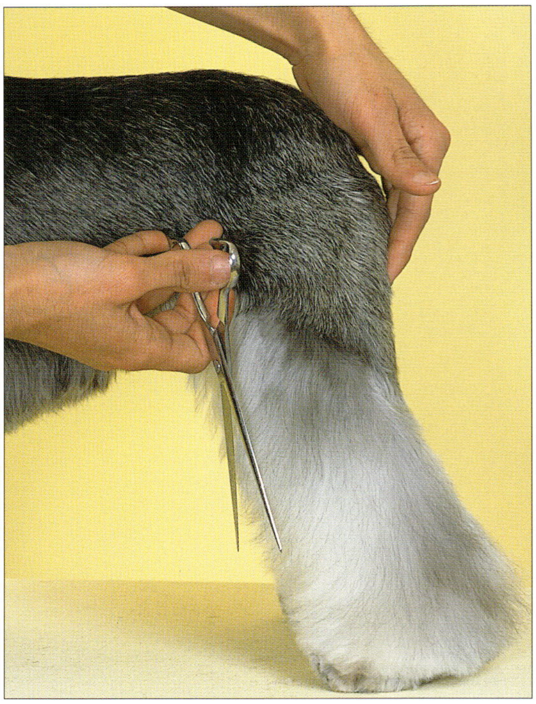

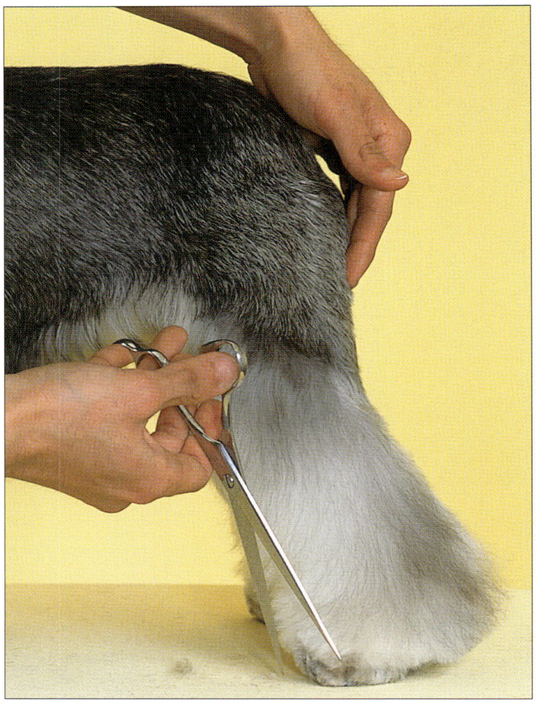

幅が決定したら、スタイフルから爪先をカットします。

12

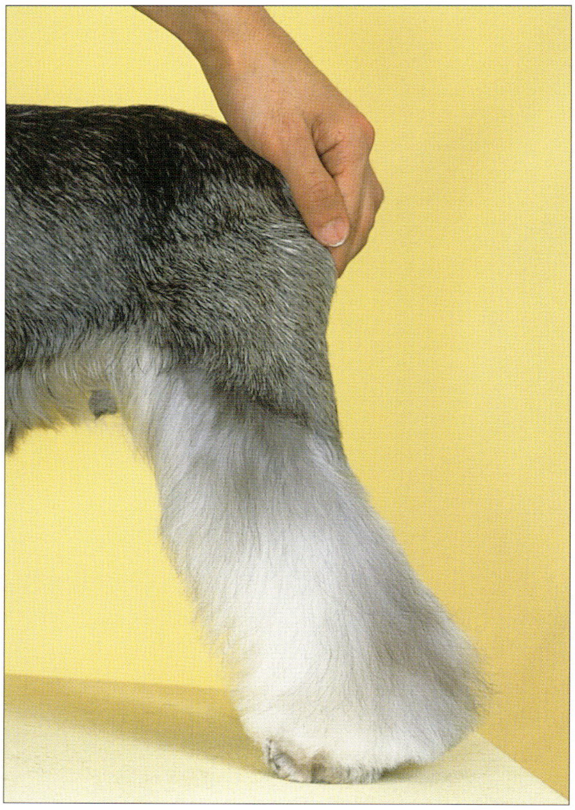

爪先まで同じ幅で切ると長方形ができます。しかし、実際にはスタイフルに角度があるため、わずかなアーチが描かれます。スタイフルの角を取り、角取りされた面は足先の台形につながります。

13

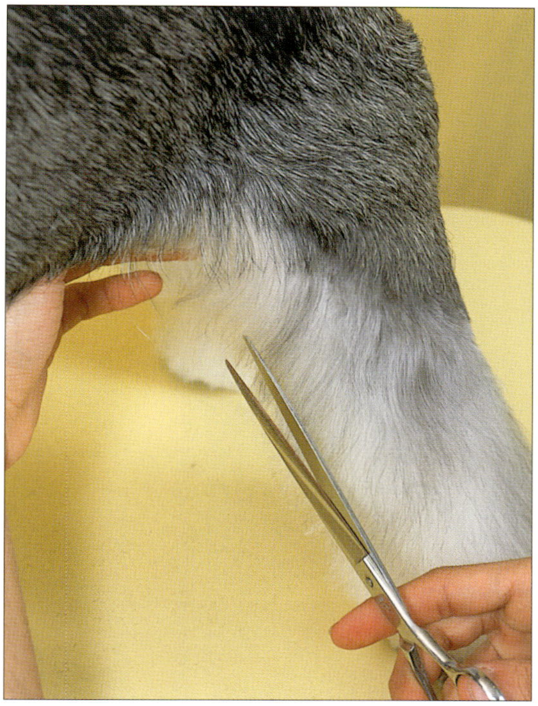

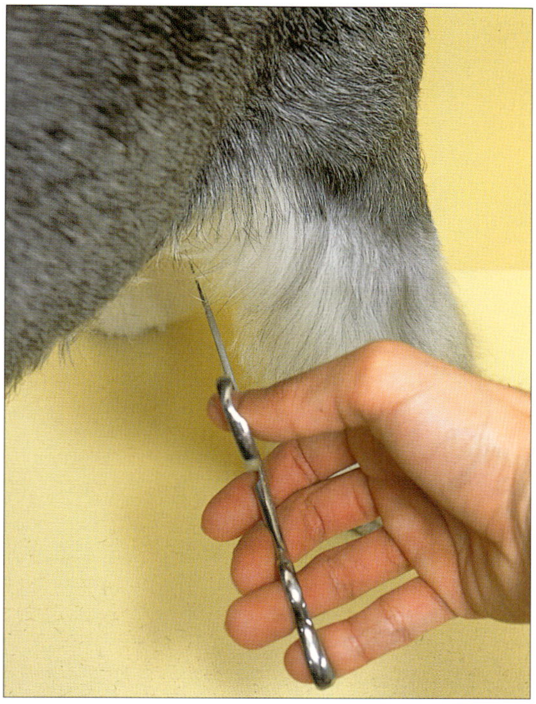

膝蓋骨の位置を確認します。大腿、下腿骨の長さによって微妙に位置が変化します。このために膝は立ったり寝たりするわけで、スロープの曲がりもスタイフルの湾曲も変化します。この部分はタック・アップの湾曲につながっていますので、慎重にカットを行ってください。

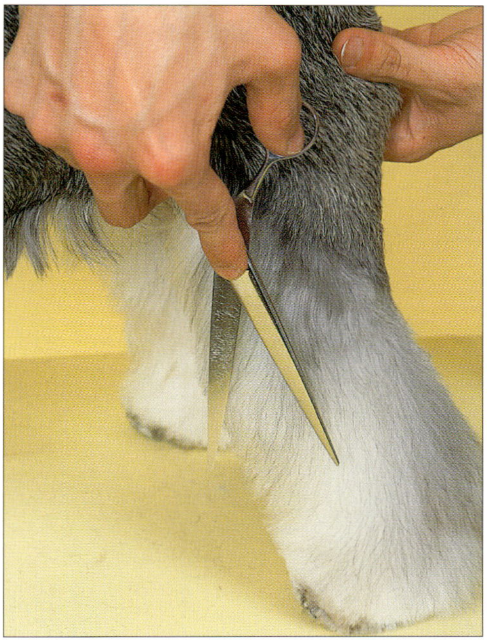

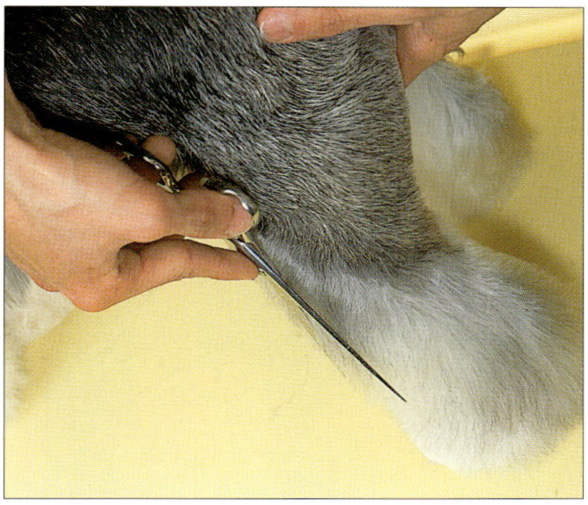

膝をつくります。
平均して犬の膝と肘は平行な位置に置かれているといわれています。しかし、後肢には角度があること、また、ミニチュア・シュナウザーの背線はオクシパットから尾根部までなだらかに傾斜していること、低く重心が置かれていることなどを加味すると、膝はわずかに低い位置につくることが望まれます。後肢の断面は、膝側がやや細い楕円になります。

14

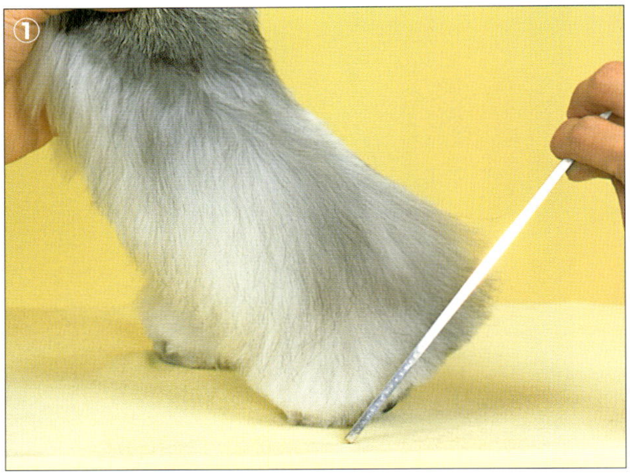

①テーブル面からコームで角度を作ってみます。スロープの長さを決めるためです。スロープの長さが決定するということは、蹴り上げの角度が決定するということです。コームの角度を大きくするとスロープは短く、逆にすると長くなります。

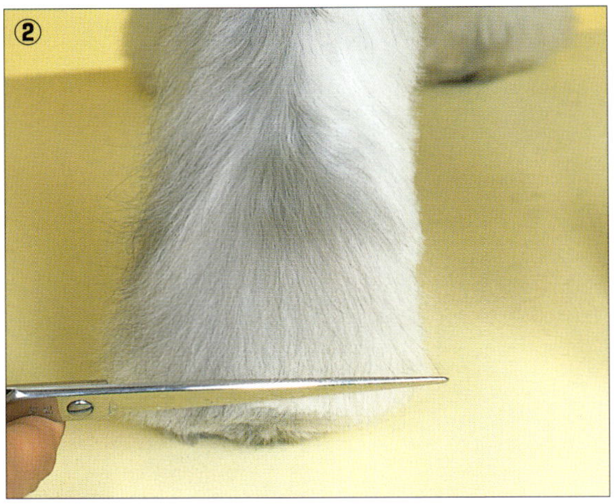

②後望した時の蹴り上げの後望ラインはテーブル面に対して平行になります。

蹴り上げは、ボディと後肢の長さのバランスを考えてつくります。犬が地面を蹴った時のように、寛骨臼を中心に後肢を前後に動かし、前方に移動した時と後方に移動した時の弧、すなわち“ベクトルアーク”をつくってバランスをとらえてみます。
床からの角度は、グルーマーの感性でつくられるはずです。しかし、床に対し45度以上の角度をつくると、スロープは短く見えます。必要なのは、犬が爪先で立っている姿を表現することなのです。飛節は低く、飛節から床に90度をなすように見えるよう骨格の表現をすることも必要です。全体のシャープさを重視し、正しくとらえてください。

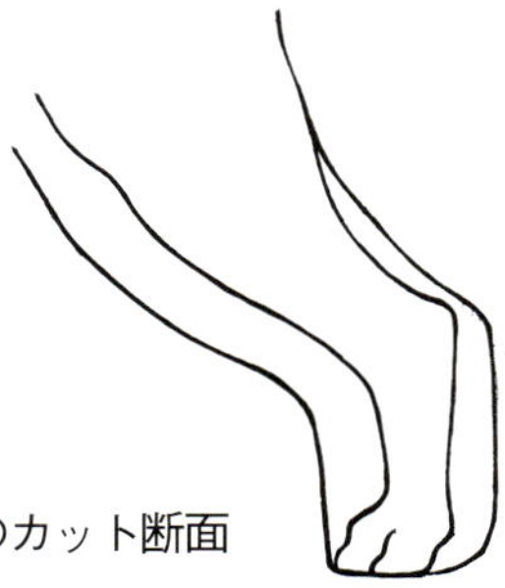

図１：側望した時のカット断面

一方でスタンダードなつくり方を紹介しますと、ワイアー・フォックス・テリアなどのように、テリア種は飛節から床までを直角につくります。この場合、飛節の位置を移動させることが非常に難しく、飛節の高い犬は高くつくられてしまう欠点を持ちます。またスタックをした時、シックル・ホックのように見えてしまう場合があるので十分に注意をし、カットする必要があります。ワイアー・フォックス・テリアのような長脚であれば前後のバランスが取りやすいのですが、ミニチュア・シュナウザーはこの部分にも十分なコートがあり、前後の面の長さや毛量などによって、バランスは微妙に変化します（図１）。

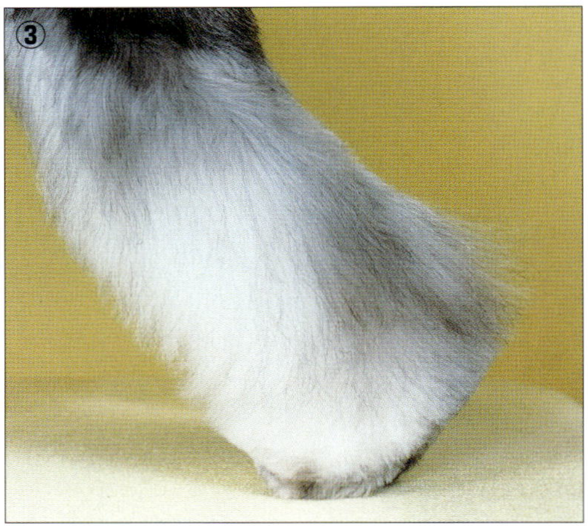

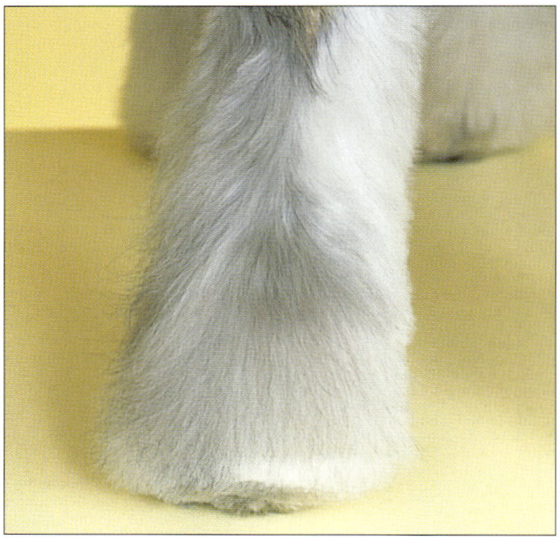

③蹴り上げの荒刈りが終了しました。飛節位置はあくまでも低く、スロープもほどよい長さになっています。

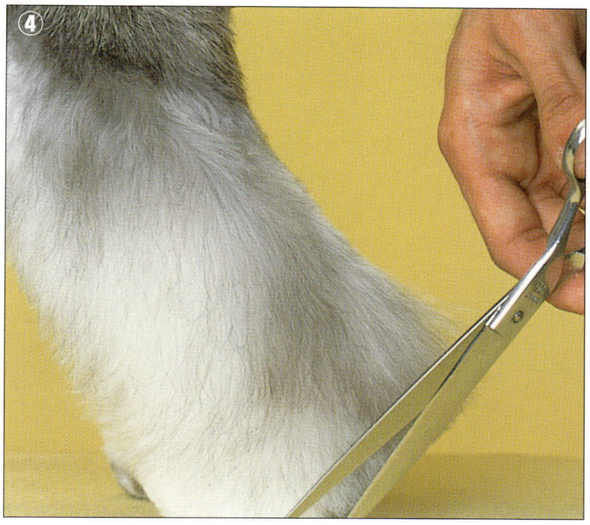

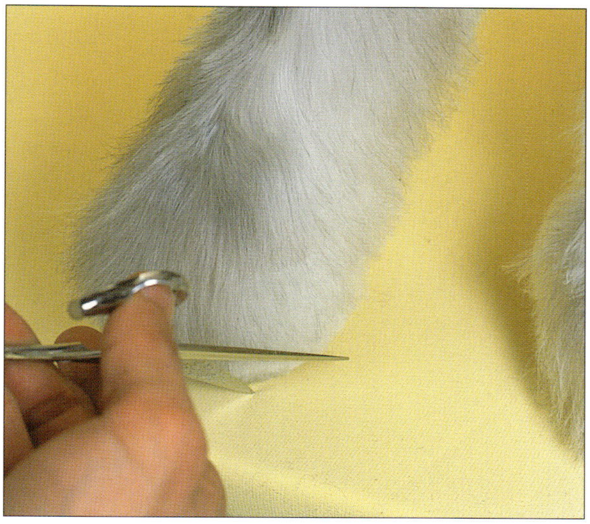

④蹴り上げをカットする時、後肢左右のカット面はテーブル面に平行になるように注意してください。後肢左右のカット面が平行でないと、後肢の長さに変化ができてしまいます。

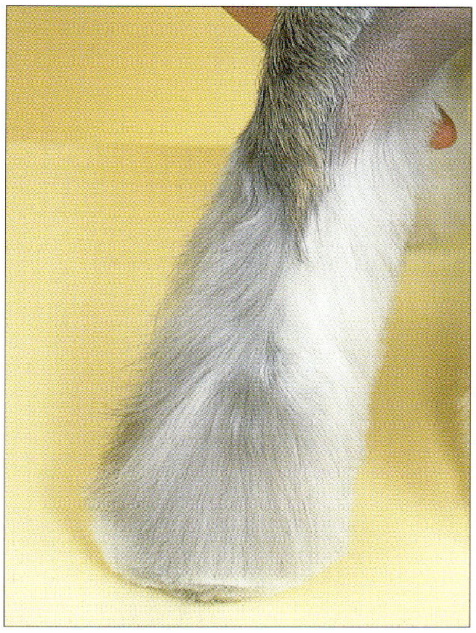

蹴り上げ仕上がり

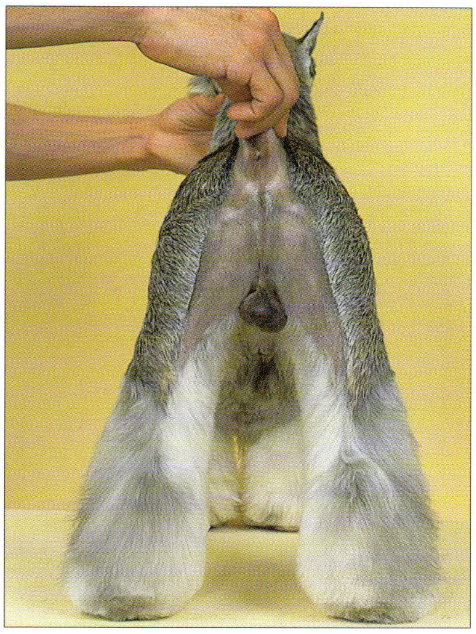

後肢仕上がり

蹴り上げの外側・内側にできた角を取ります。飛節側の角はほとんど取られず、肢先に向うほど大きく取られるようにします。このようにカットすると、蹴り上げの後望は台形につくられます。

後肢が仕上がりました。左右の飛節の位置は平行にあり、左右の後肢の太さも、内腿のトライアングルの頂点（飛節より3指のポイント）も、シンメトリーであることを確認してください。

外向

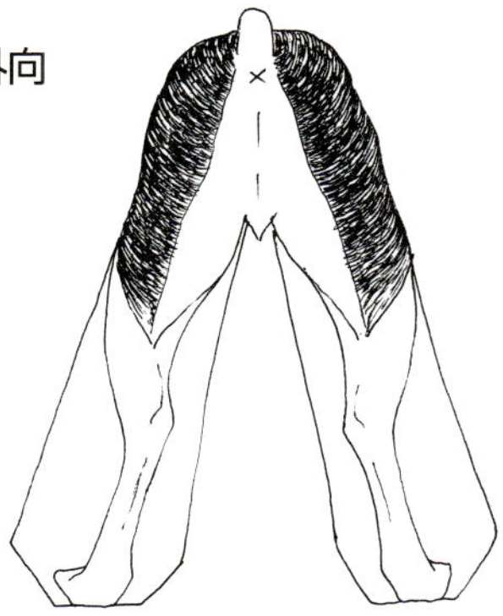

外向を示す状態です。飛節は内側に寄り、X脚を示しています。趾先が外側に向くため、趾先のカットの修正が必要になります（台形の部分）。後望したときのAラインは、外側のラインを修正します。

内向

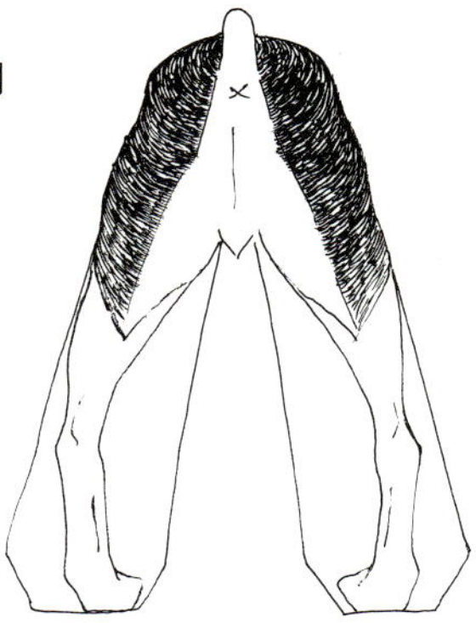

内向を示す状態です。飛節は外側に寄り、O脚を示しています。趾先が内側に向くため、趾先のカットの修正が必要になります（台形の部分）。後望したときのAラインは、内側のラインを修正します。

15

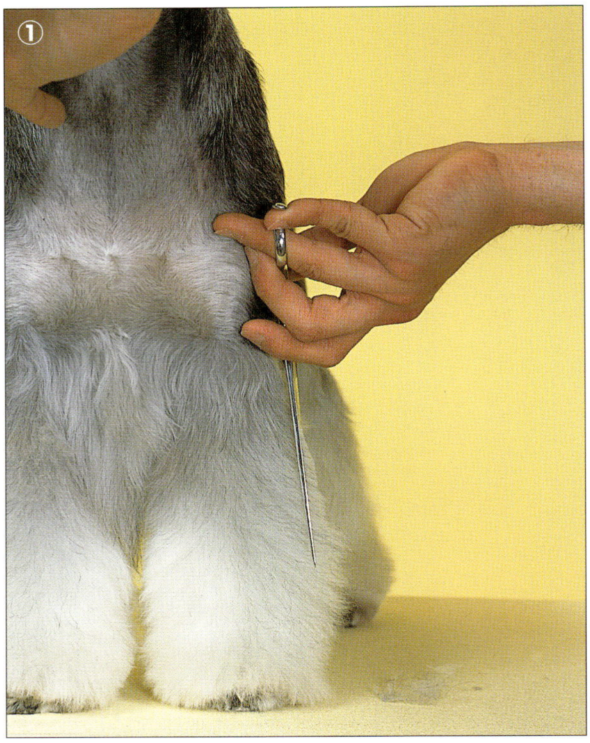

①前肢のカットを行います。まず、外側、内側、前側、後側と四角柱に荒刈りをします。断面は長方形で、角取りをして楕円につくります。
前肢のカットのポイントはこの荒刈りにあります。前肢は肩幅で真っ直ぐであることを要求します。従って、荒刈りでつくられた四面の四角柱は正確さが求められます。シザーはすべて縦に使用します。四面の中で外側面が最も重要で、肩からシザーを真っ直ぐに降ろし、足元にかけてわずかに広がりを見せます。外側面は点を切り、点をつなげて線をつくり、線を重ねて長方形の一面を構成します。一面を構成する線は、何本もの歪みのない真っ直ぐな線で統一されます。従って、シザーのぶれも許されません(私は、中指の先端をボディに当て、シザーの先がぶれないようにコントロールしています)。くれぐれも肘をピンチにつくらないようにしてください。

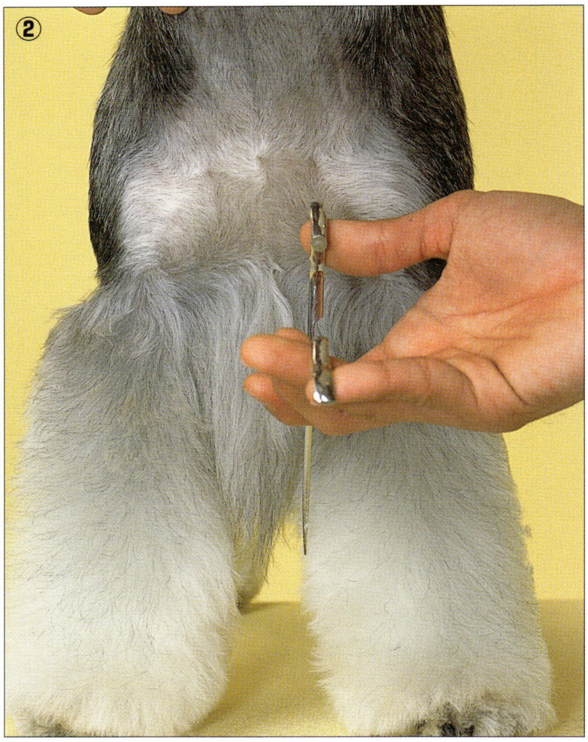

②内側面はシザーが縦に入らないのですが、しかし、シザーを内側面に直角に（真横に）入れてカットすると、カット面には段差が生まれます。できるだけ刃先を下げて、斜めにシザーを使用するとよいでしょう。胸の飾り毛を切らないように注意して、内側面の仕上がりはテーブル面に対して直角になるよう真っ直ぐにカットします。

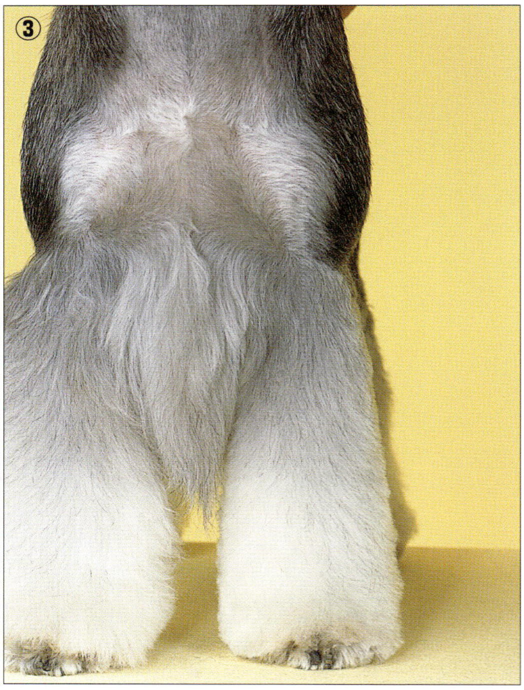

③前肢の外側面と内側面がつくられました。

15'

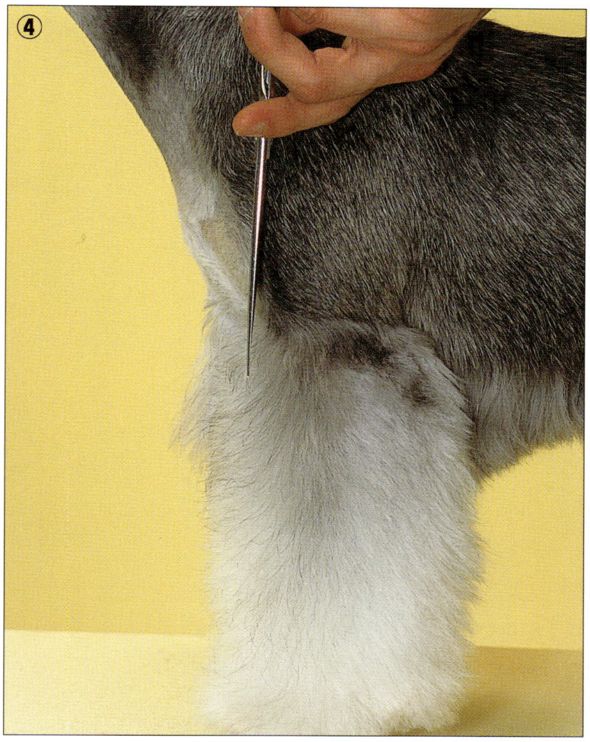

④前肢前側の面は、３・４鈎爪に向けてシザーを真っ直ぐに移動し、カットします。側望した時、上腕部と前腕部のつながる部分に「くの字」の凹みをつくらないように、前胸部から前肢が真っ直ぐにあるようにテリア・フロントを表現します。

⑤後側は肘からわずかなアーチを取ってカットします。側望した時、前肢の中央部が後肢の大腿骨と下腿骨の関節部の幅と同等となるように、前肢中央部の横幅を決めます。この時点では後側面はテーブル面までシザーを下ろし後側面をカットしてください。

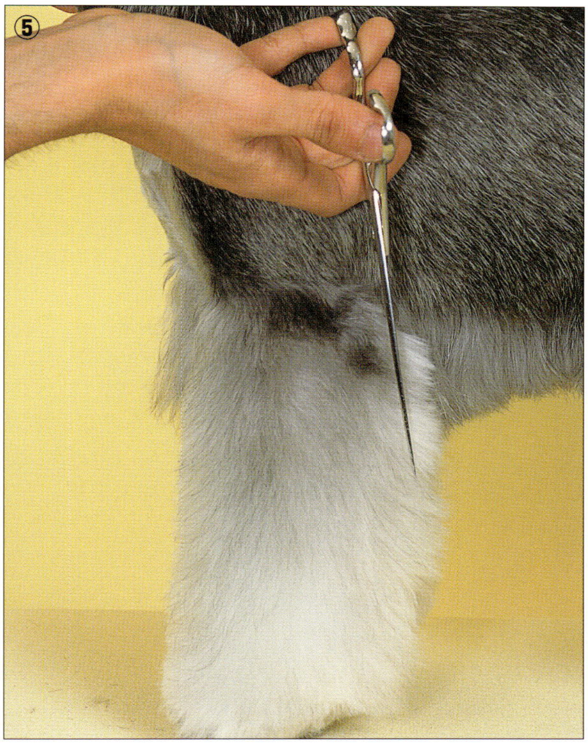

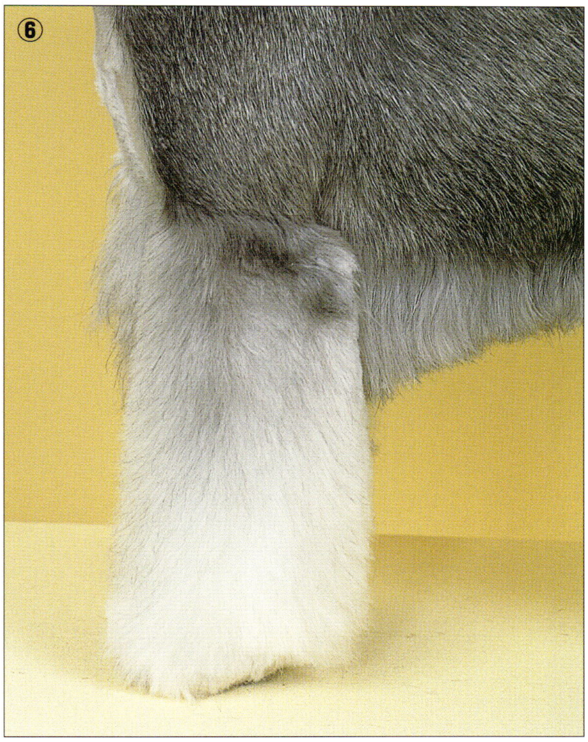

⑥４面の荒刈りが終了しました。４枚の長方形を張り合わせたように、４つの角を持って前肢がつくられています。

16

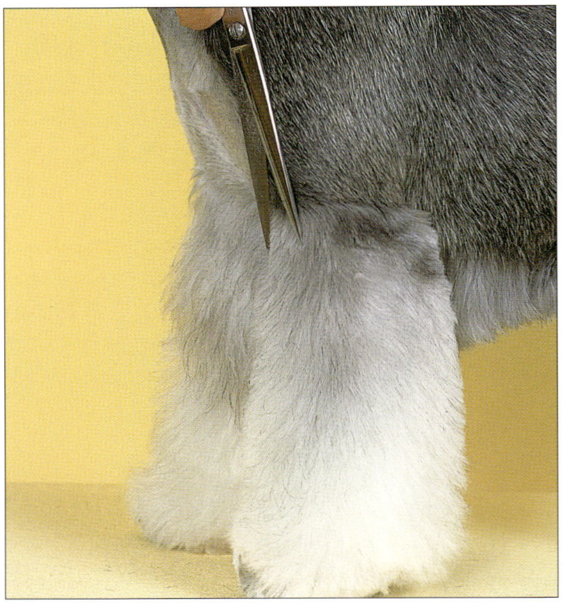

４面の荒刈りができたら、アウトラインが歪まないようにそれぞれの角を取ります。
前望すると、足先は前腕部を真っ直ぐに下ろした垂線上にあります。左右の足先は同じ位置にあり、足先はテーブル面に対して平行です。足先周囲の角の取り方によって修正をしてください。足先のアンバランスは、前肢全体の見え方を変化させてしまいます。ミニチュア・シュウナウザーの正確な前肢は、前腕骨の指軸が第３・第４中手骨の中心になければいけません。

17

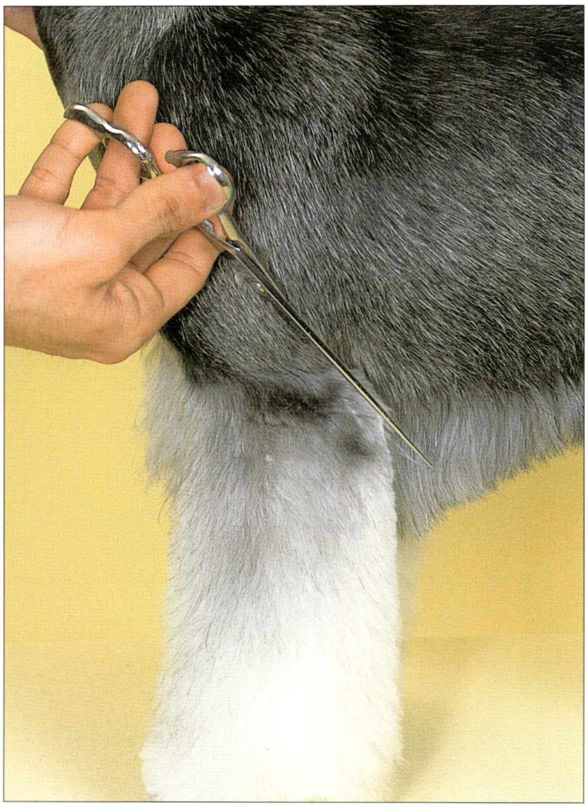

肘をつくります。ミニチュア・シュナウザーはキ甲から肘、肘から床までの長さが同等に見えるように肘の位置を決めます（肘を移動した場合、膝の位置も移動される）。
上腕部の延長45度の角度で肘をカットし、後側のラインにつなげます。犬体の構成によっては、肘の位置を移動させて肢の長さの調節を行います。
肘はボディに密着した表現をつくるので、腋窩のコートを切らないようにしてください。歩様時に肋が開いて不自然に見えますし、肘が甘く見えます。

18

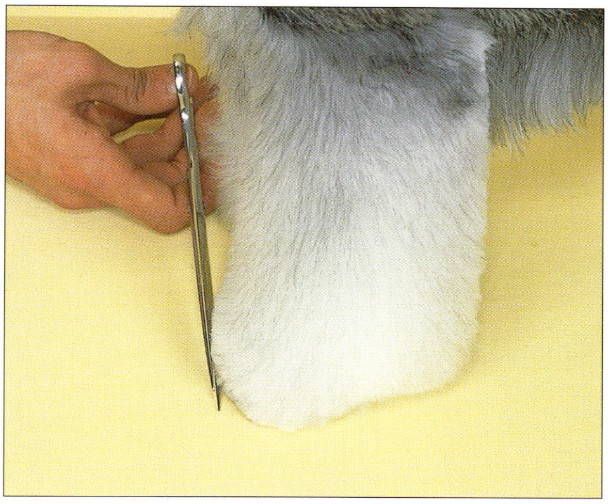

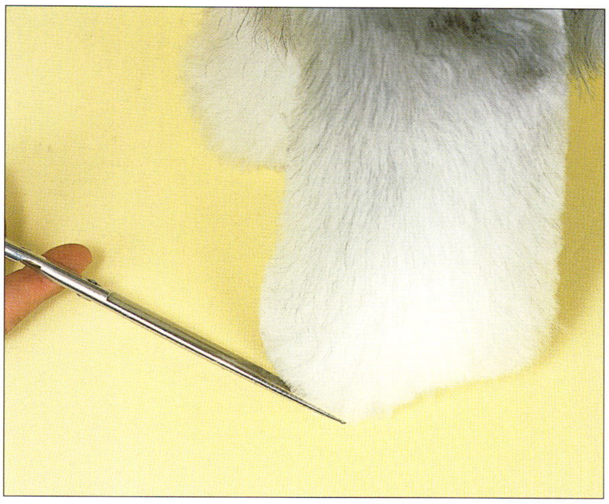

足周りは第3、4鉤爪ぎりぎりに平行にカットし、前肢が真っ直ぐであれば左右対称の半円形に整えます。内外向している場合は左右を調節する必要があります。肢先は指先に対して平行なのではなく、前肢が置かれているテーブル面に対して平行なラインをカットします。

19

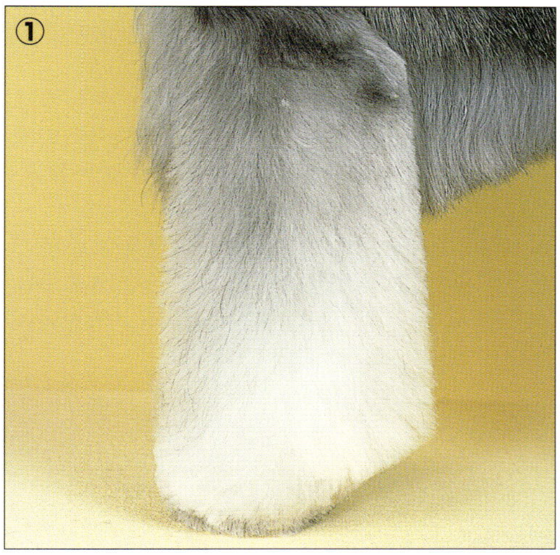

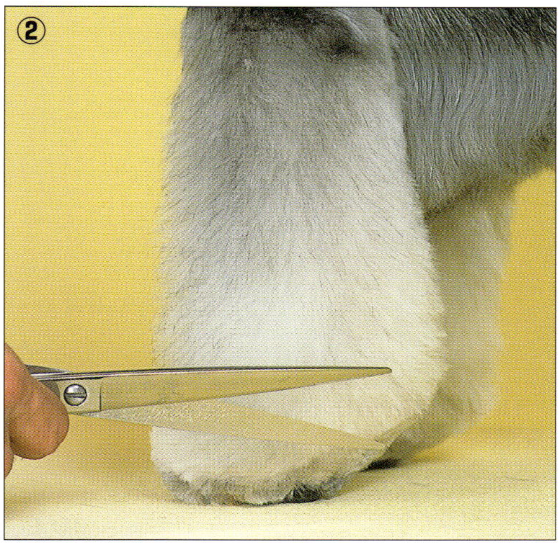

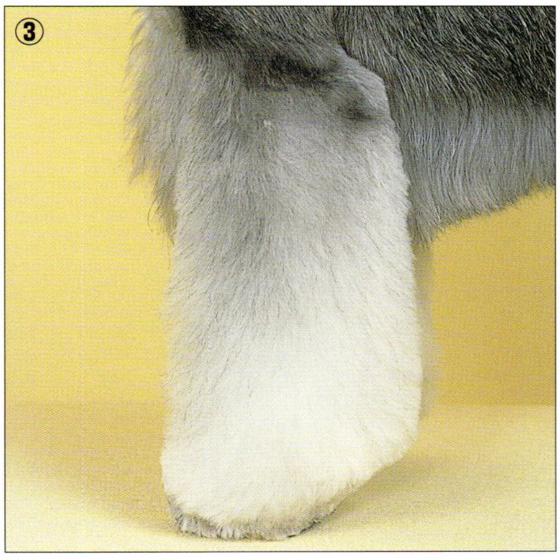

① 肘とパスターンの角度をカットしました。
② 角落としを行います。
③ 仕上がりの状態。

ミニチュア・シュナウザーのパスターンは、エレクトを要求しています。少なくとも、ダウン・イン・パスターンを表現することは絶対にいけません。その角度の決定はすべてグルーマーの感性にかかっています。
しかし、重要なことは、「犬がいかに爪先で立っているか」の表現ですので、そのための角度であること。角度を大きくすると肢は短く、小さくすると長く見せることができますが、前肢を側望した時の前面と後面の長さのバランスは大切です。

20

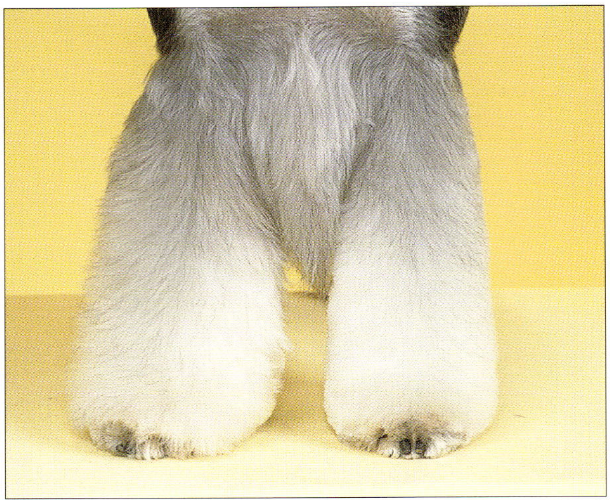

前肢の左肢が仕上がりました。右前肢と比較をして見てください。

21

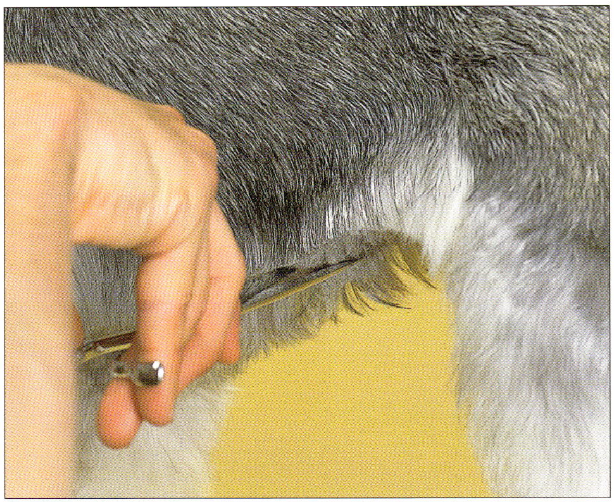

ウエスト部の位置の決定は、体長の表現に関わります。スクエアに見せることができるかどうかは、その位置によって決定します。

アンダーラインをカットします。
必ず目線の高さで腹部の飾り毛をカットします。シザーは飾毛に対して直角、または腹部中央に刃先を向けるように使用します。飾毛に平行にシザーを入れると、美しいラインができません。
タック・アップはシザーをスタイフルから前方に動かします。巻き上がった状態をつくらないよう、前方にアールを形づくります（側望してタック・アップの最も高い位置にウエストがあります）。

22

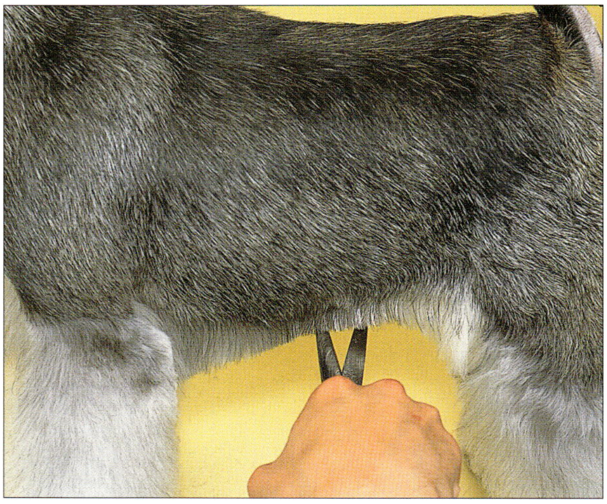

タック・アップから前胸へ、わずかなアーチ（上弦）を描きながらカットします。
前肢と後肢、アンダーラインと床との間の中躯のスペースによって長胴にも短胴にも見えますので、スクエアをつくるように工夫してください。

23

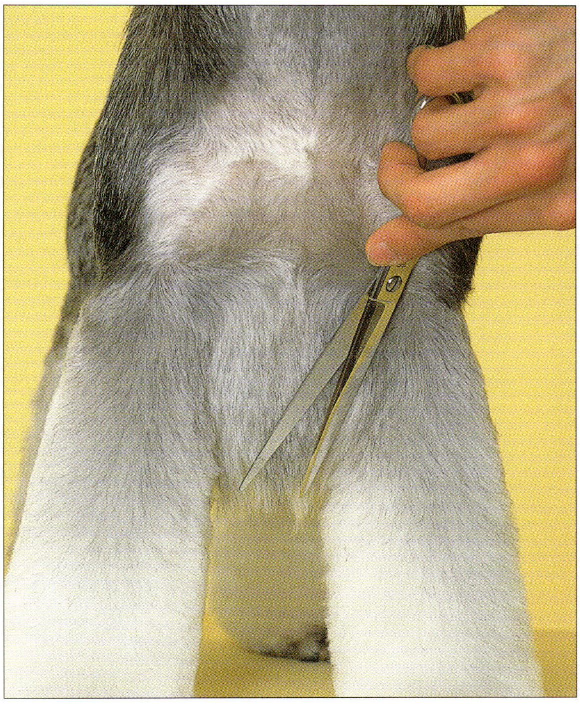

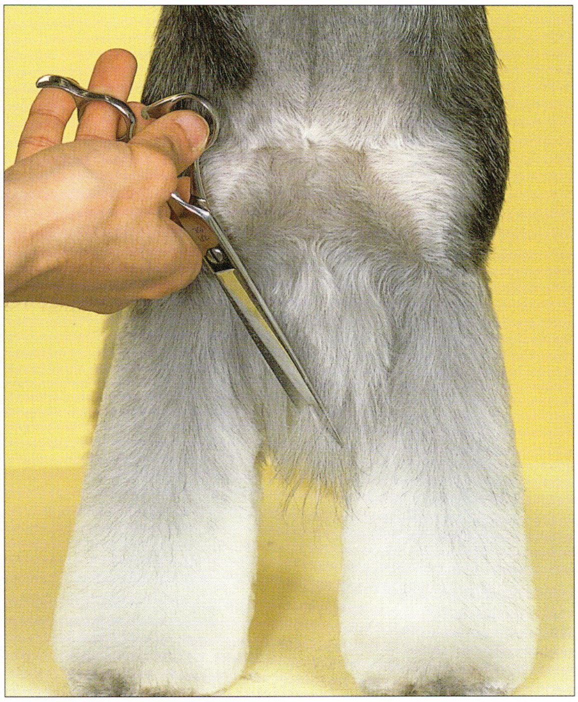

胸の飾り毛はクリッピングされていますが、さらに前望して左右対称となるよう、左右から斜めにシザーでカットしてすっきりと見せます。

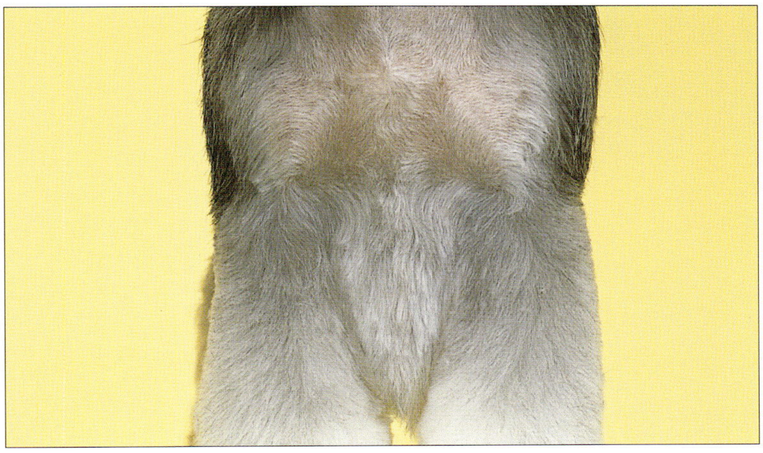

前胸仕上がり

24

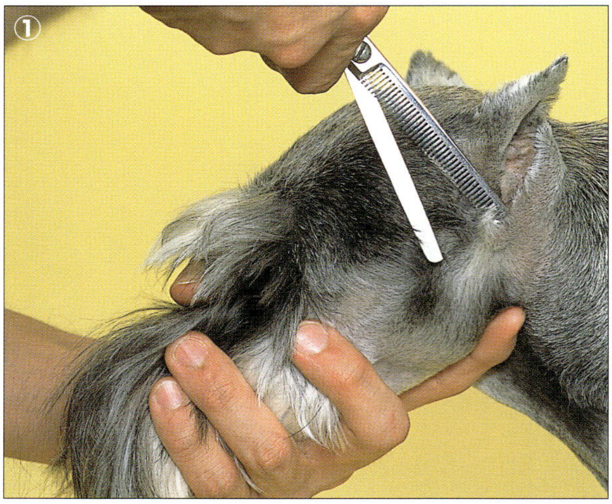

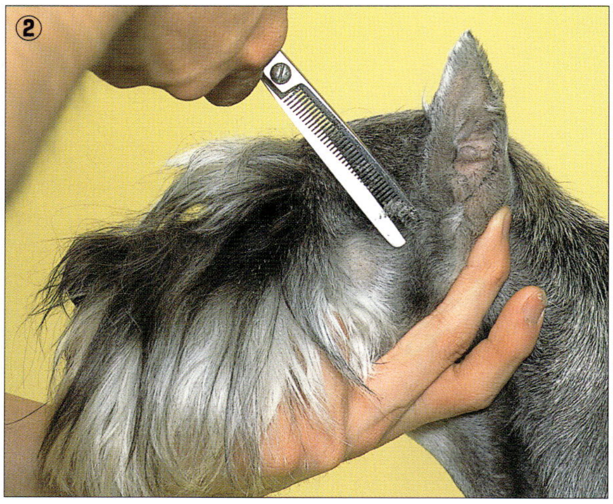

頭部表現は最も大切な部分です。頭部比率などをよく理解した上で長方形をイメージしてみてください。十分にイメージが出来上がったら、カットに入ります。

頭部のカットは側頭から始めます。目尻から5mmほど残した点から耳根へ結んだラインとイマジナリー・ラインによってできる三角形をブレンディングします。スイニング・シザーを側頭に平行に当てて作業しますが、この時スカル側に角を残すようにします。そして、この角のラインが前望して左右平行になるようにつくることで、長方形の真っ直ぐな辺がつくられます。なお、この時点では荒刈りにとどめておき、眉・髭のカット後に仕上げます。犬体全てのシャープさが顔部によって表現されますので、神経を使います。

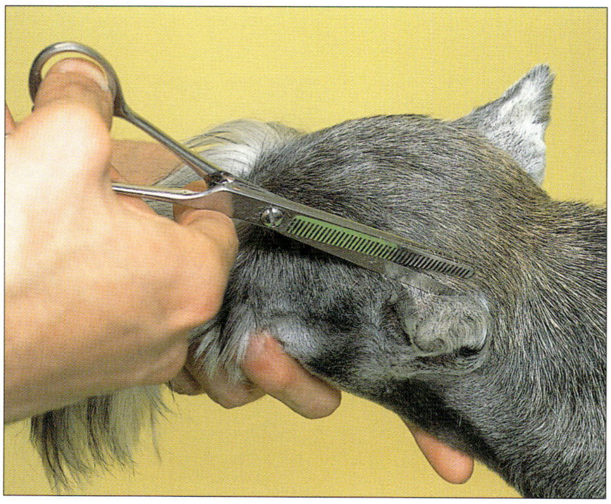

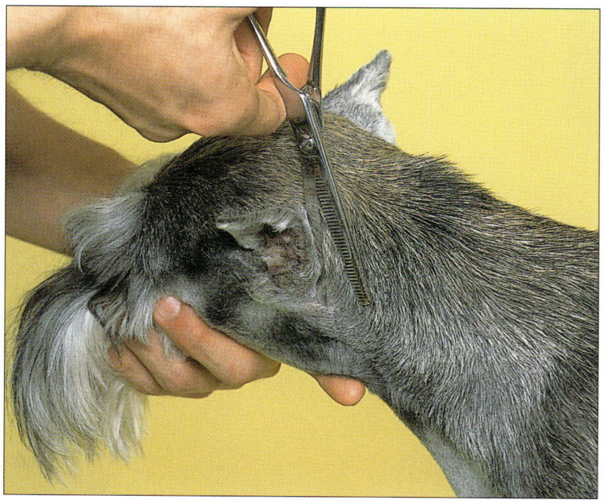

耳根のクリッパー・ラインを整えます。スカルが狭くなり過ぎないよう注意し、ネックとのつながりも考えます。また、コートの長さによりオクシパットが不明確な場合は、オクシパットも表現するようにします。

25

ストップは、まず目頭の毛を上下約 3 mmずつ切り、眉と髭を分離させます。

26

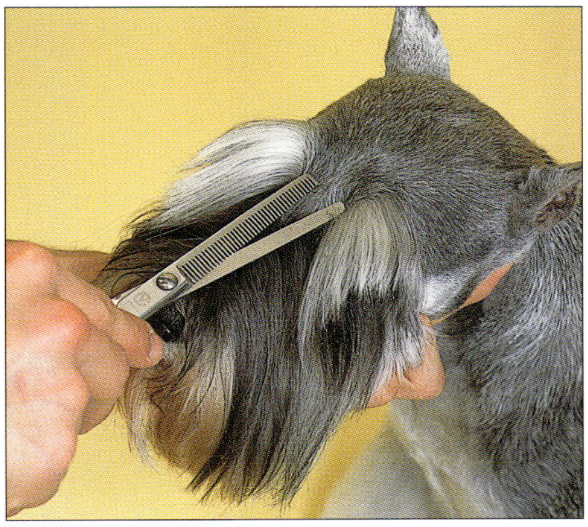

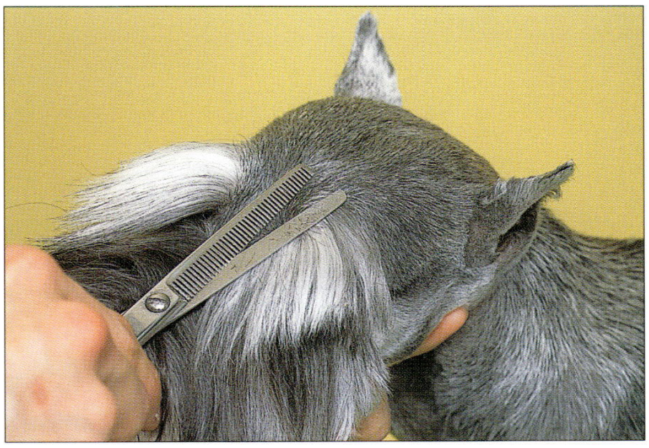

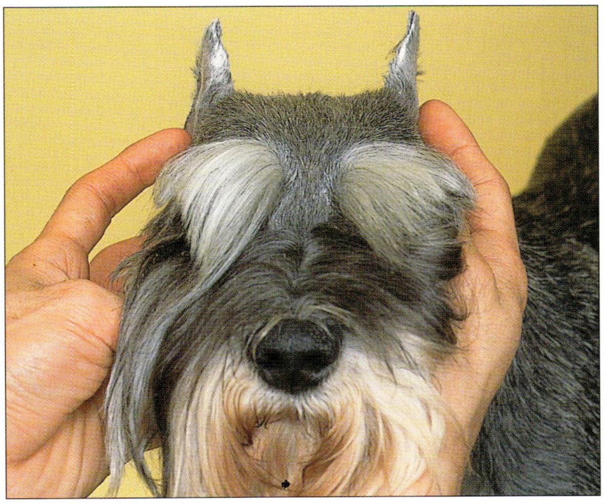

次に、ストップが明確にならないように眉と眉の間の毛をスイニング・シザーで取ります。スイニング・シザーの要が鼻に当たる角度で使うと取り過ぎを回避できます。眉にかかっているストップの毛も切っておきます。

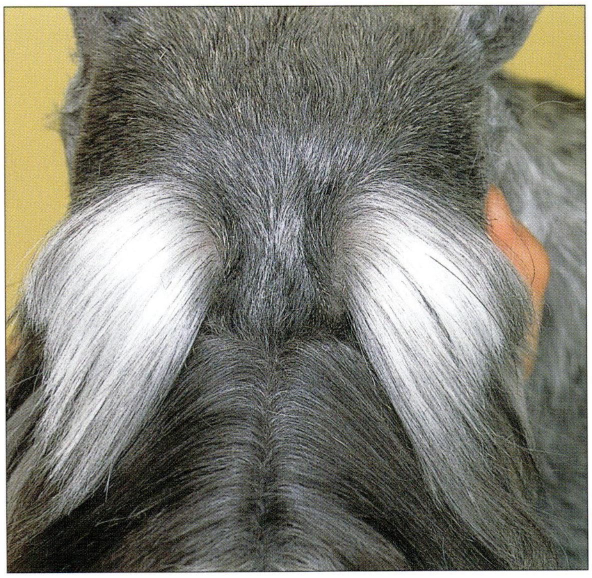

27

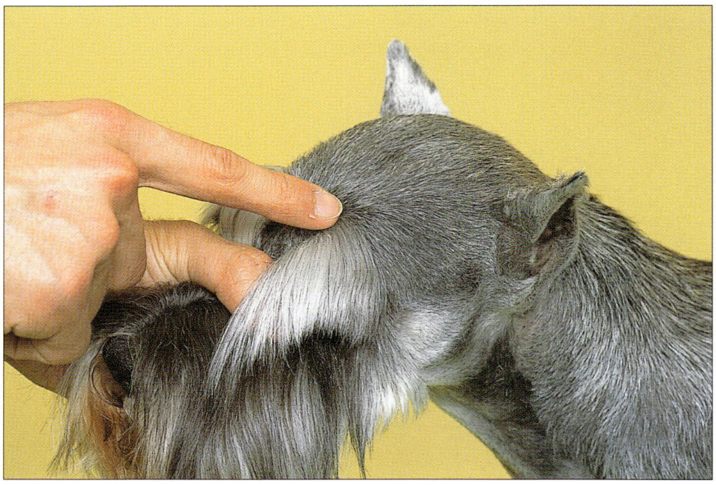

①頭部の中で最も神経を使う、眉のカットに入ります。眉弓骨の頂点と、頂点から５mm程離れたスイニング・シザーを入れるポイントを確認します。このポイントから目尻までのラインは斜めのラインになります。

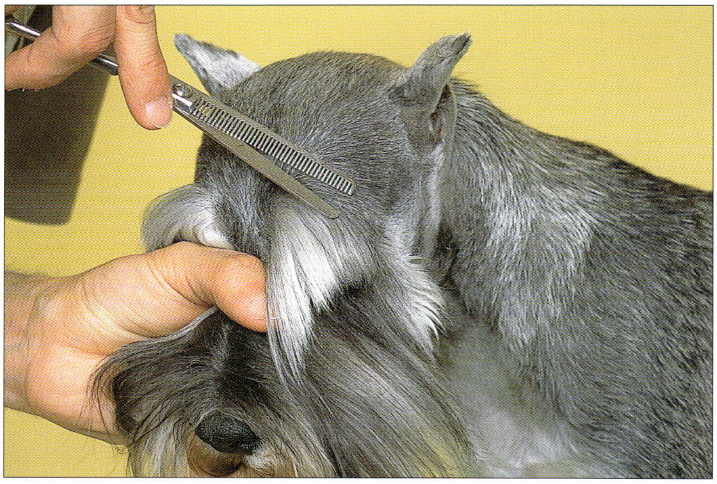

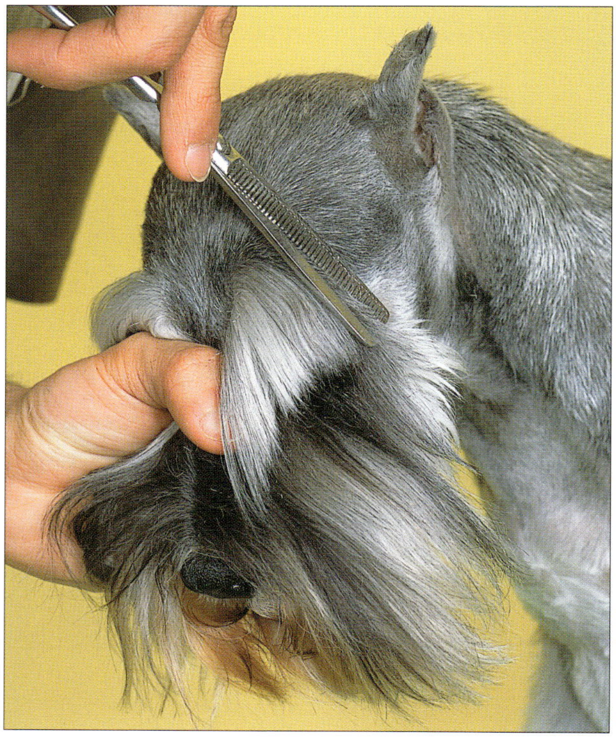

②眉弓骨の頂点より５mm程離れたポイントから、目尻に向かってスイニング・シザーで整えていきます。目尻は髭の始まるポイントでもありますので、浅い、深いが微妙に頭部形状との関わりを持ちます。

28

眉の毛流に沿ってスリッカーを入れます。スリッカーを正しく毛流に沿って入れられるか否かは、眉の仕上がりに大きく影響してきます。鼻鏡と後頭骨を結んだラインから30～40度くらいの角度へ流すようにスリッカーを入れるとよいでしょう。これにより、眉の美しいアーチラインが生まれます。

眉の前望

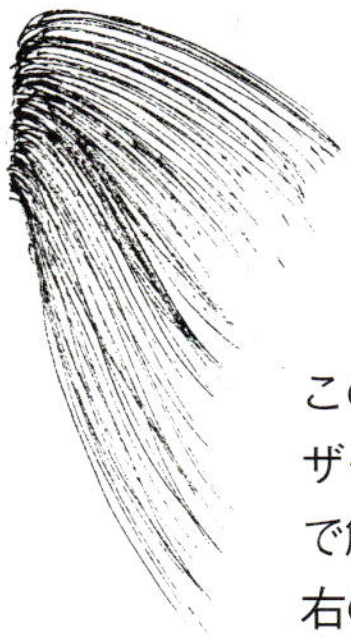

眉の側望

この２つのイラストは、ミニチュア・シュナウザーの眉の毛流を示しています。このイラストで解るように、ミニチュア・シュナウザーの左右の眉の流れは平行ではなく、軸は外側にアールを持って流れています。従って、スリッカーはその流れに沿って入れることです。

29

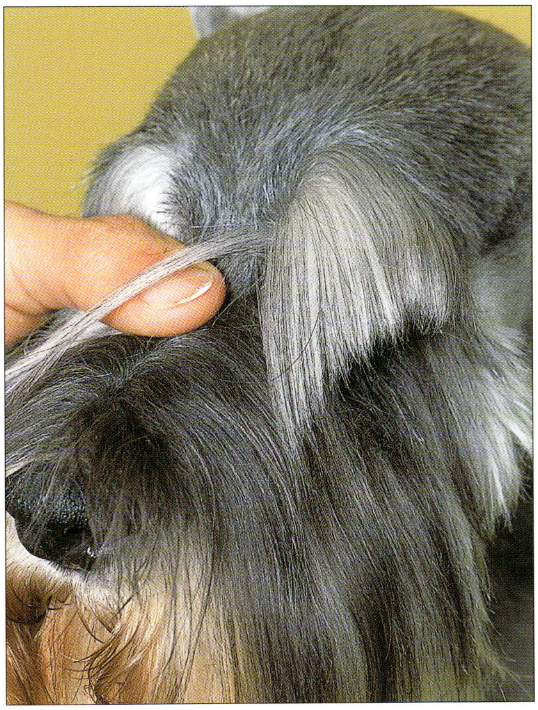

眉の切り過ぎを防ぐため、慣れないうちは眉のいちばん長くなる毛を３～５mmの幅で避けておきます。ここを避けておくことにより、万一切り損じた場合でも多少の修正が可能となります。

30

眉の長さは頭長の３分の１を目安に、頭部全体のバランスを考えて決めます。スリッカーはこまめに入れるようにし、慎重に形をつくっていきます。まず、頭部のバランスを考えて決定した眉の長さまで詰めます。

31

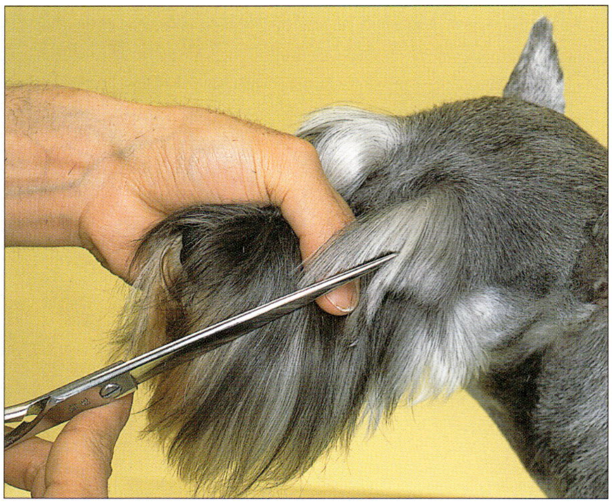

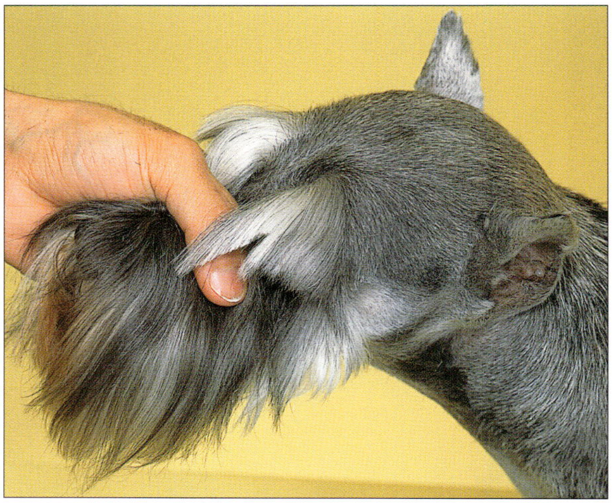

眉のアーチをつくっていきます。アーチは 2 段階に分けてカットします。
始めに、眉の先端から半分までを切ります。この時、シザーをやや外へ逃がしながらカットすると切り過ぎを防げます。シザーは動刃をやや内側へ傾けるようにすると、アーチ・ラインをよりはっきりと見せることができます。

32

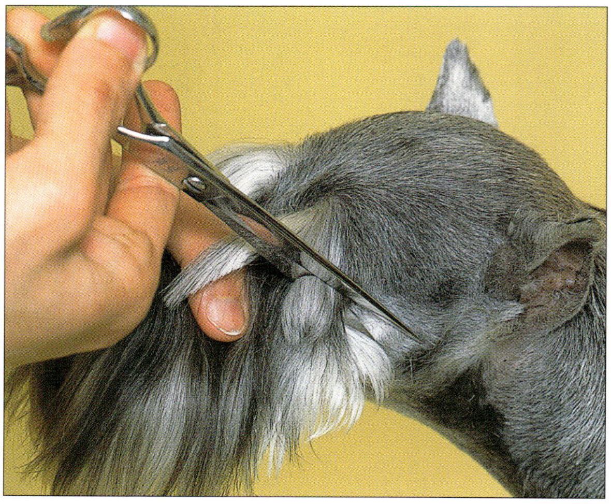

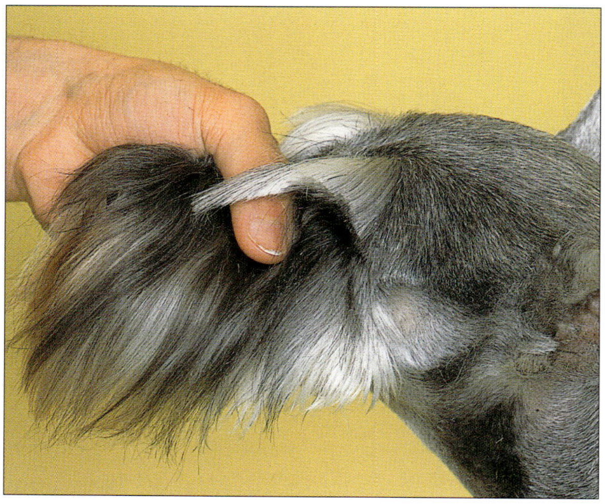

次に、切り終えた場所から目尻を通り、チークに向けてシザーを入れます。チークに当てた動刃の刃先を支点に、刃先が下を向くように柄を持ち上げる作業と、刃を外側へ倒す作業を、アーチをイメージしながら同時に行いカットします。こうすることにより自然なアーチラインができ、また、外側の毛より内側の毛が少し短くなるので、はっきりとしたラインがつくられます。

33

眉毛のいちばん長くなる毛を避けておいた場合は、ここで一つに合わせてスリッカーを入れます。まつ毛が残っていると眉を持ち上げてしまい、形が整いづらくなってしまうので、ここで切っておきます。

34

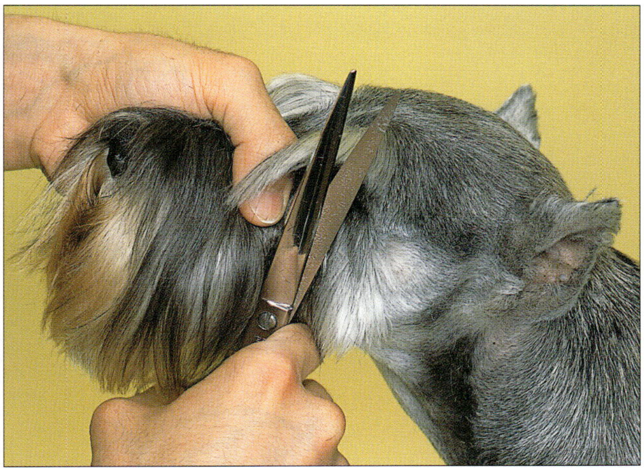

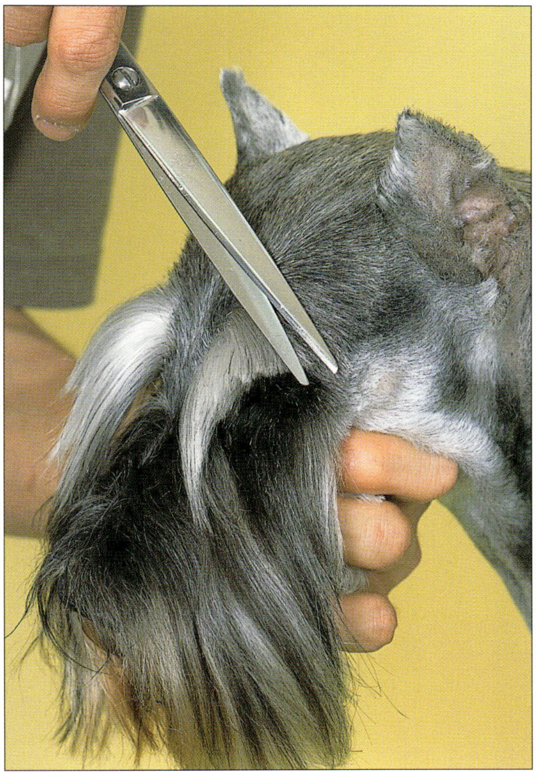

眉の仕上げに入ります。シザーを立てて使い、美しいアーチラインを描くように少しずつ整えていきます。目が深い位置でセットされて見えるようにアーチを調節します。
また、眉弓骨のアール部分にも再び手を入れ、一緒に仕上げていきます。眉の毛が薄くならないように注意して、眉が浮かないように上の毛を押さえます。眉のアーチは側望時も前望時にもきれいに見えるようにつくっていきます。太さの目安として、前望時に目が3分の1程度見えるくらいがよいでしょう。目の中でいちばん鋭い目尻だけを見せることにより、顔の印象をよりシャープにします。ただし、毛流や毛質の関係で不可能な場合もあるので、これは臨機応変につくっていきます。眉は太過ぎても細過ぎてもバランスを崩すので、慎重に決めます。

35

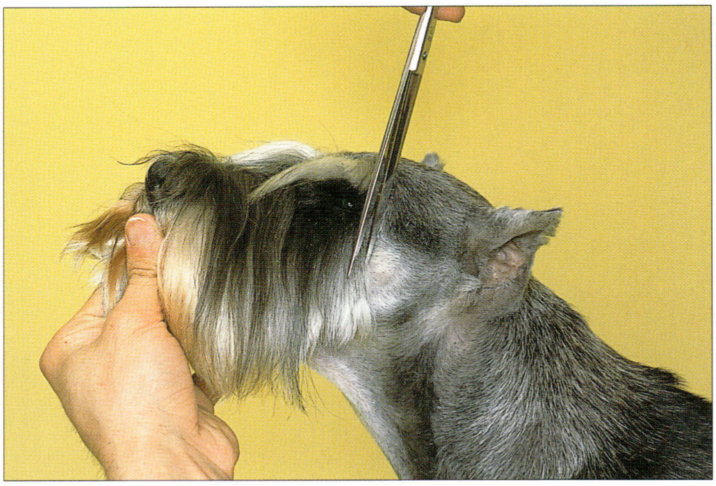

眉と髭の接する目尻の部分は、シザーを上から真っ直ぐに入れてつなげます。

36

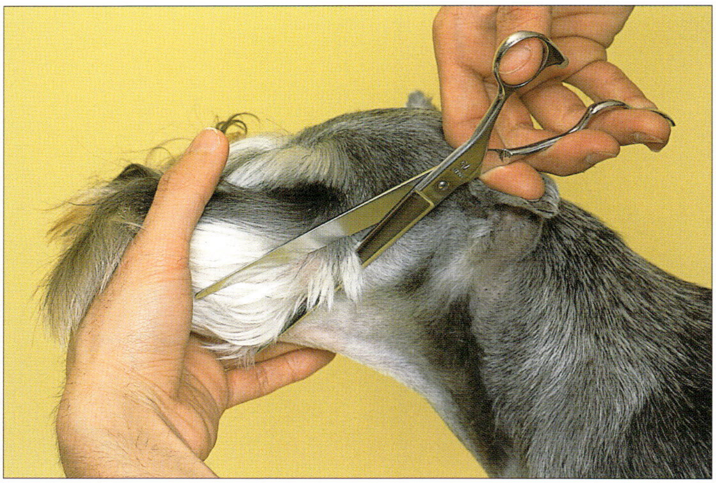

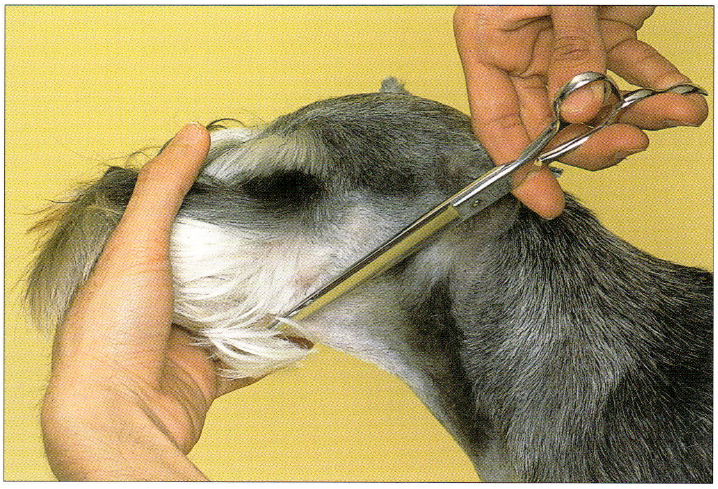

コームで髭を整え、前望した時に頭部が長方形に見えるようにカットします。この時、髭の表は切らずに裏側をカットします。しかし、長方形の表現上、目尻付近の髭は表側まで切れてもよいでしょう。シザーは目尻から口角へ向かう角度で入れます。下顎の髭も上顎の髭からはみ出て見えないように5～10mmほど“どて”をつくり、髭が前へ出るようにします。しかし、切り過ぎると薄い顎を表現してしまうので注意します。スカルとマズルの上面が平行になるよう髭の厚みを調節します。
髭の先端はほとんど手を入れることはありませんが、長過ぎるものはバランスを崩すのでカットした方がよいでしょう。長さの目安はマズルの長さかそれよりやや長い程度にしますが、マズルが短い場合は長めにします。

37

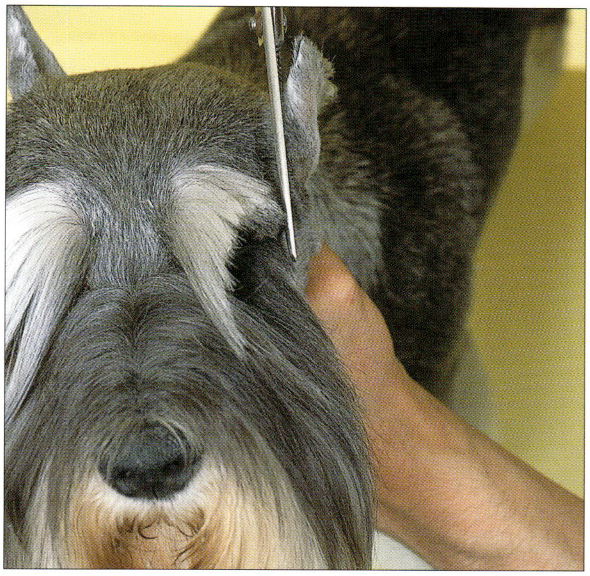

側頭に作った三角形を仕上げます。耳が直立したとき、スカル側のラインが髭へと一直線につながるようにします。

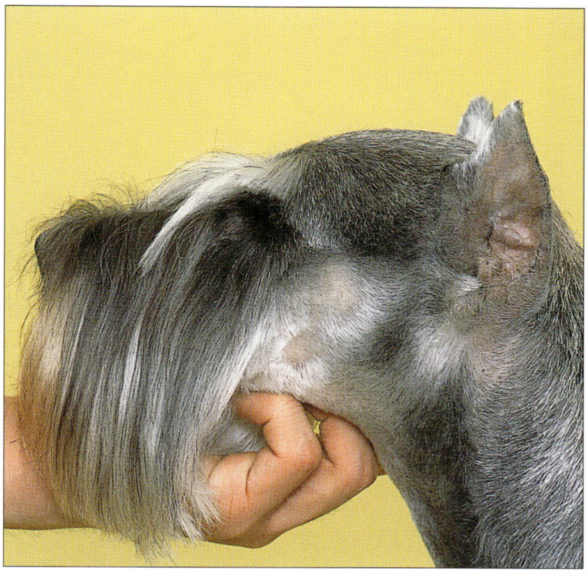

38

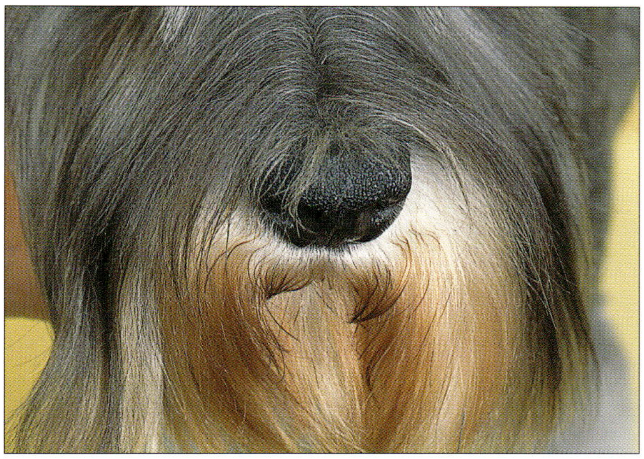

Before

鼻鏡を大きくはっきりと見せるため、鼻鏡部にわずかに掛かって生えている髭を抜きます。ここを抜くか抜かないかにより、顔の印象は変わってきます。

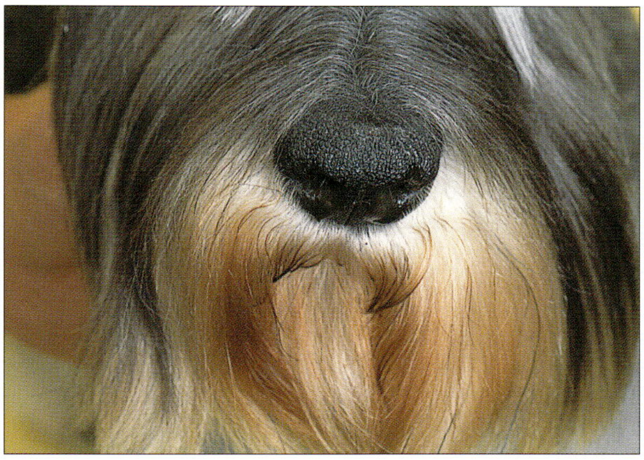

After

39

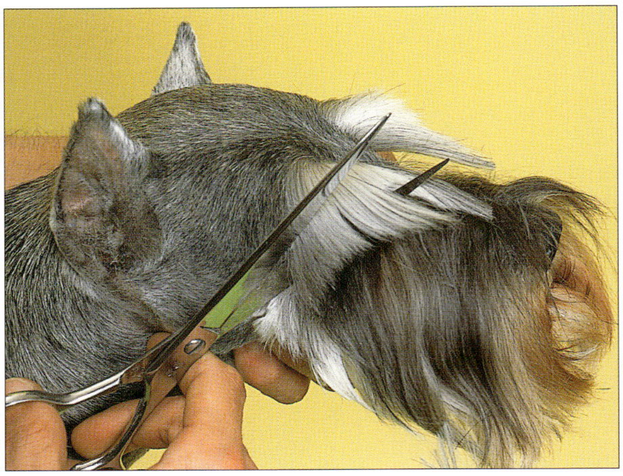

右の眉の場合、正面から裏バサミを使うと毛を噛みやすいので、目尻側からシザーを入れてもよいでしょう。ここまでの作業で眉の荒刈りが完了しました。仕上げは左眉と同じ要領で行います。

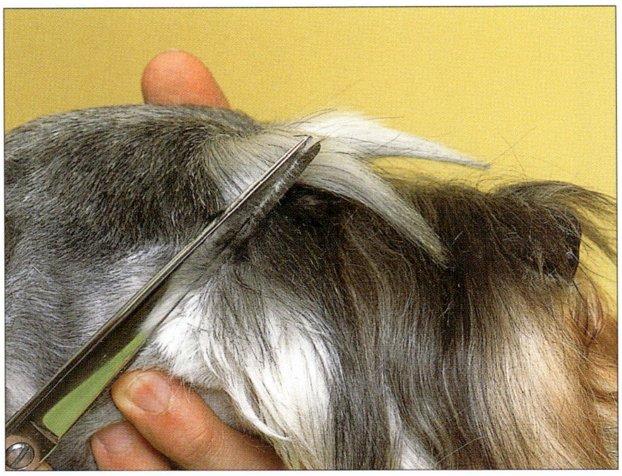

40

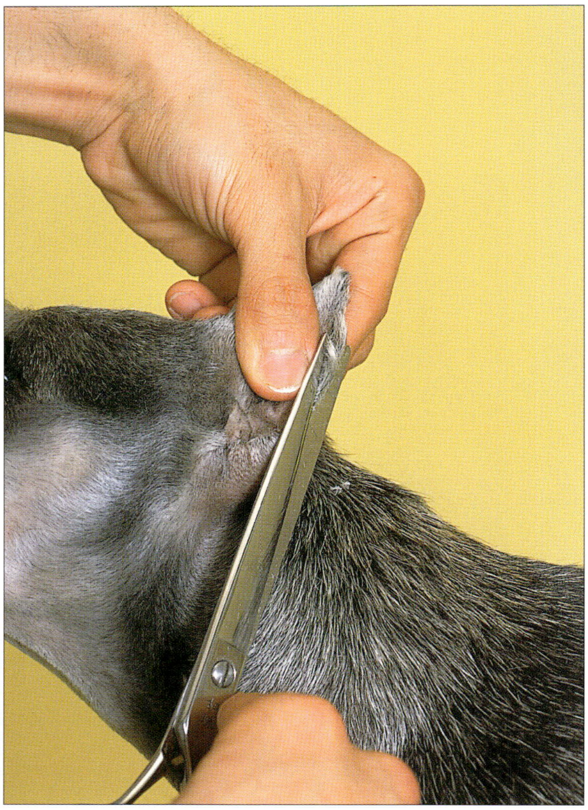

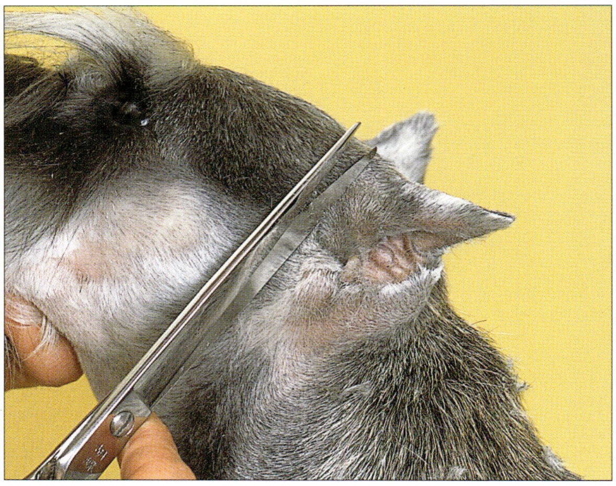

耳のエッヂングは必ず耳根から耳先に向けて行います。耳の外側は縁いっぱいに切り、内側は耳がスカルに直角に見えるよう調節してカットします。最後に必ず正面から見て、長方形で鋭い顔立ちが表現できているか確認します。
耳の付け根に切り込みを入れます。これによって耳の位置付けをはっきりさせ、スカルの長さの調節、そしてスカルとマズルの対比を表現します。従ってシザーの切り込み角度を考えて行ってください。

41

仕上がり

タイプによるイマジナリー・ラインの設定ととらえ方

ステージングは、カッティング同様にミニチュア・シュナウザーにとって重要な作業で、日数を要します。またそれぞれの犬体は、わずかに、あるいは大きくタイプに異なりを見せます。従って、プラッキングを始める前に、その犬体がどのようなタイプなのかを見極めておくことが必要です。正しいイマジナリー・ラインの設定は、正しい犬体タイプの把握にかかっています。この本の最後で再度、タイプによるイマジナリー・ラインの設定、プラッキング方法を述べておこうと思います。

イラストはあくまでもスタンダードに基づいて書かれています。この上にそれぞれのタイプをイメージしてラインを描いてください。

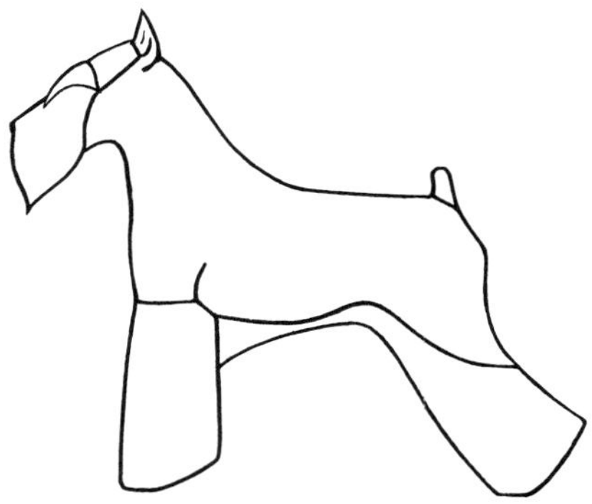

スタンダード・タイプ

第1ステージ

第1ステージのプラッキングを行う時に、犬体のタイプの確認を十分に行ってください。それぞれ犬体はタイプを異にし、イマジナリー・ラインはそれぞれのタイプによって設定されることになります。ベーシックなとらえ方は既に本文で説明されていますので、ここでは省略します。以下に書かれるスタンダードから、犬体がどのように異なるかを見比べてください。

この第1ステージでのイマジナリー・ラインはボディに引かれる仮想線ですから、まず、基本的なミニチュア・シュナウザーのボディについて述べておきます。

構成においてスクエアであるミニチュア・シュナウザーは、頭蓋から尾根にかけて美しくわずかに傾斜し、背は短く、胸郭は船底型です。胸深は少なくとも体高の1／2が必要であり、肘の下まで広がりを見せ、重要な器官を保護するのに足りています。

肩幅と腰幅は等しく、地面に対して背は水平です。下腹部は決して巻き上がりの様相であってはなりません。大腿部は強い筋肉とほどよい傾斜を持ち、スタイフルはよく曲がり、後肢の正確なアンギュレーションを形づくっています。これらのスタンダードなものから、いくつかの異なるタイプのイマジナリー・ラインのとらえ方を説明しましょう。

樽胴タイプの場合は、ボディと肘が密着しませんので、歩様時には前肢はやや内向した歩き方を示します。肘が外向して緩んで見えることにより、前肢が振り子運動をして前方に移動した時、肘とボディとが分離して隙間ができたように見えます。イマジナリー・ラインの始まりを少し高くし、続く肘の内側のひだを引き出した時、ラインを同じように高く設定して肘内側の飾り毛を残します。肋骨の張り方（膨れ方）にあっては第5、6肋骨あたりから張り出しているため、この部位までラインを緩やかに下降させると、タック・アップにつながるラインが肋骨の張り具合が邪魔をして不自然になります。

胸底も丸みを帯びてつくられますので、下降するラインは手前で止め、第5、6肋骨あたりを床にやや平行にライン取りをし、タック・アップの前方へかすかな上昇ラインをつくります。しかし、樽胴を持つ犬は、比較的ボディが短くつくられたスクエアの犬体が多く、ウエスト位置に変化を持たせなくて済む一方で、ウエスト部が太くなる傾向にあり、表現がたいへん難しくなります。従ってウエストは細く表現することが必要になります。タック・アップのひだいっぱいにライン取りをし、その内側の被毛を残して腹部飾り毛のつながりを表現してください。大腿部イマジナリー・ラインも少し高めに設定してほしいと思います（後肢の毛量にも注意してください）。

胸深が浅かったり深かったりする犬体もあります。こ

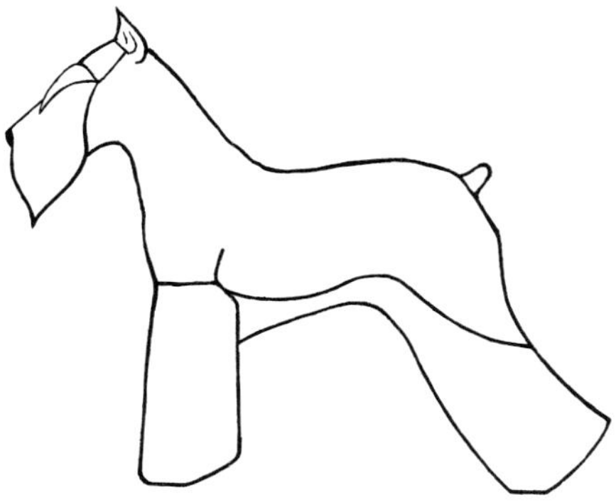

スウェイ・バック

キ甲から腰部が弛んだ背線

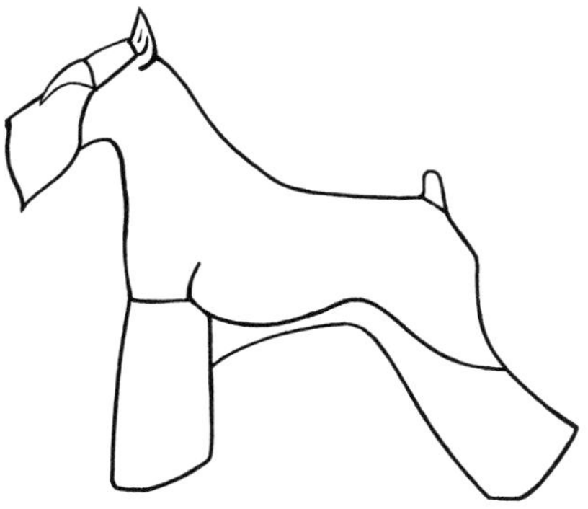

樽胴タイプ

肋骨が樽のように丸く張った胴

ローチ・バック（斜尻）

腰に向かって湾曲した背

れらは当然、胸の深さと肢の長さのバランスを欠くことになります。胸深の浅い犬体にイマジナリー・ラインを引くと、ラインを高い位置に設定してしまう場合が多いのです。前望において、前胸も浅く胸骨端はやや上昇します。タイプ的にもほっそりとした犬体が多く、ラインの高さによってベーシックなボディ表現を欠いてしまい、全体のバランスに欠けてしまいます。

胸深が深い犬体は、胸の深さだけが強調されたライン設定をしてしまうことが多くなります。私は、両者の犬体をライン付けする場合、まず、フォアクオーター、ミドルパーツ、ハインドクォーターと、胸骨端と座骨結節とを結ぶラインの上下に分類し、それぞれのパーツのみが見えるように他のパーツを隠してみます。次に、2つのパーツが見えるように他のパーツを隠します。そして、全体が見えるように目隠しを外し、全体バランスを考えて行きます。その時に、頭の中に仮想線を描いてイマジナリー・ラインを決定します。このような方法も試してみてください。

ウエスト部が細くタック・アップが巻き上がっているタイプの犬体において、前後肢とアンダーラインの台形の空間が大きく見えます。これらは大腿部との比較がたいへん重要で、厚く広いか、薄く狭いかによって、イマジナリー・ラインの描き方が異なります。厚く広い場合には、スタイフルは膝蓋骨の位置まで大腿部のイマジナリー・ラインを縦に描き、腹部に向けて弧を描くようにタック・アップ部のイマジナリー・ラインをつなげ、飾り毛を少し長めに設定すると良いと思います。

タック・アップが巻き上がり大腿部が薄く狭い犬体は、後肢が細く長脚に見えます。この犬体にイマジナリー・ラインを設定することは、最も難しいのではないのでしょうか。ウエストから腰にかけてボディにも窪みができ、イマジナリー・ラインを設定すると、ラインが歪んだ状態を示します。無理せずイマジナリー・ラインだけでとらえず、プラッキングされた側腰の被毛が伸びるのを待って、イマジナリー・ラインをカバーするように側腰の被毛とイマジナリー・ラインと飾り毛を考えて作業するなどの方法、あるいは発想の転換が必要でしょう。

いずれにしても犬体はさまざまなタイプを持ち、グルーマーを泣かせます。腰部に残すラグビーボール形の被毛も、トップラインの形状や腰幅によって、その大きさに異なりがあります。背、腰が水平で、尾付きが高い犬体はあえて残す必要もありませんが、ほとんどの犬体の腰はやや高くあり、それをできるだけ水平に見せなければなりません。そのため、その部分の被毛をワンステージ、またはツーステージ間隔を開けてプラッキングするということを行っているのです。

第2ステージ

頸と十字部と尾を抜きます。頸は第1ステージで抜かれた幅をシンメトリーを考えて左右5～10mm程広げ、キ甲部へとつなげます。この時、グルーマーは犬体の横に立ち、抜くラインにナイフを平行に合わせ、親指の腹を使って線で抜くようにするとよいでしょう。ナイフを待たない方の手はネックの逆サイドを持ち、皮膚を張るようにします。

キ甲部より肘から一指後ろのポイントへと真っ直ぐにラインを取り、抜きます。第一ステージで抜いたイマジナリー・ラインの流れを読み、自然なラインを崩さないように注意してください。大切なことは、左右が対称になるようにライン付けすることです。十字部、尾は毛流に沿って全てのコートを抜きます。

第3ステージ

頸は、第2ステージで抜かれた幅を、シンメトリーを考えて左右5～10mm程広げます。肩甲骨の上の窪みあたりから、アーチを付けて肘へとラインを下ろしていきます。耳の後方から肘までを抜く時は、頸の太さ、肩、サイド・ボディの凹凸などさまざまな問題を犬体が示します。従って、ラインは丸みを持つことになります。腋窩部は、第1・第2ステージで抜いたイマジナリー・ラインからひだの内側を通り、肘へと自然なラインでつなげてください。また、肘の内側を深く抜き過ぎてしまうと、ボディと肘の間が空いて、歩様時に肘と肋に張りのない表現が生まれてしまいます。

第4ステージ

頸は第3ステージで抜かれた幅を耳根部で5～10mm程広げ、そこから肩端へ向けアーチでつなげます。上腕部は肘より1指分上まで床に平行に抜きます。このライン付けをする時、前肢の長さや胸深のバランスを確認し、コートが乗った時10：10になるよう調整してください。上腕部のフロントへとつながる部分は、ソルト＆ペッパーやブラック＆シルバーでは毛色の変わるラインを目安にします。

第5ステージ

頭部、前胸部を除きプラッキングします。ちょうど、三日月形のような部分です。サイドネックの毛流のぶつかるラインを目安にします。

ここまで抜けたら、全体のバランスを考えてイマジナリー・ラインの補正を行ってください。

第6ステージ

このステージにもイマジナリー・ラインの設定があります。従って、頭部形状によってその仮想線に変化があります。

頭部は強く長方形で、耳から目にかけて、目から鼻先にかけてわずかに減少し、頭頂は平らで、スカル・ラインとノーズ・ブリッジは平行にあり、ストップを中心に等長です。わずかなストップがあり、左右の目は卵型で、深く眉を持っています。ストップを中心にマズル、スカル共に正方形ではなく、横幅よりも縦幅がわずかに長い長方形が2つ組み合わされています。しかし、ほとんどの犬体がその対比が一定ではありません。スカルが広過ぎたり（図A）、狭過ぎたり（図B）、頬が張り過ぎたり、マズルが鴫状《しぎじょう》だったりします。目尻から耳孔にかけてのイマジナリー・ラインは共通ですが、目尻から耳の上までのラインは、必ず左右が平行にライン付けします。スカルの長さ、幅はプラッキング技術よりスイニング技術に依存することの方が賢明かもしれません。スカルの縦のラインを平行につくることは、長方形のスカルを表現する基本です。従って、スイニング・シザーによって真っ直ぐな平行ラインをつくる技術が必要になるのです。毛流に沿ってシザーの先を使い、丁寧にスイニングしてください。

また、プラッキングによって眉の位置を決定しますが、眉はストップの位置と深く関わりを持ちます。

ディッシュ・フェイスの顔貌を持つ犬体も多く、このような犬体のマズルは皿状に反って短く見え、ストップは深くなります。この部分の縦軸は鼻の幅よりやや広く、平行に抜かれますので問題はありませんが、上方の横軸の真っ直ぐなラインと下方の広いV字ラインが問題となります。従って、そこにホームベースを当てはめてイマジングして見てください。縦軸は決定されていますので、上下のラインを変えて変形のホームベースをつくり、バランスを取ってください。目頭の位置を変えることはできませんので、左右の目頭を結んだラインの上下の比率をどのようにプラッキングするかによってストップの位置を移動するわけです。従って、下方の広いVラインは角度が小さくなると深く、大きくなると浅くなります。その作業によって、眉弓骨から目尻にかけての眉のプラッキング・ラインも変化させることが必要になります。

図A

図B

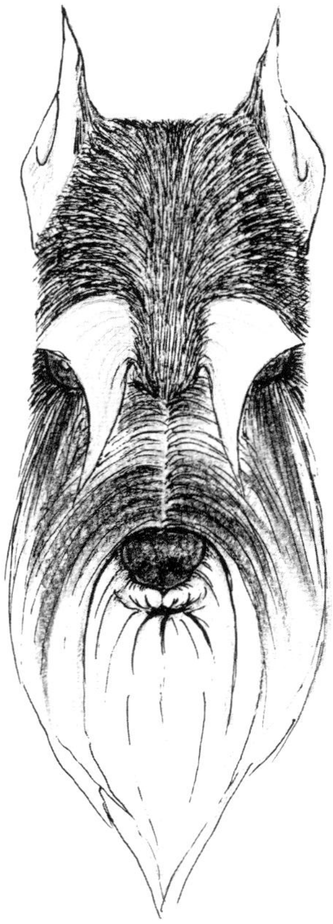

断尾と断耳

○断尾

断尾は普通、生後３～５日時に行います。「外傷性肉《がいしょうせいにく》芽腫《がしゅ》」や「膿皮症《のうひしょう》」などによる尾の外科的手術を除いては、美容的な断尾に限ります。

ミニチュア・シュナウザーの尾は３／４インチを残して断尾しますが、生後間もない仔犬の尾の長さの計測は非常に難しいので、目安としての方法を書き留めておきます。

生誕間もないミニチュア･シュナウザーの尾は、長さも太さもさまざまです。ソルト＆ペッパーやブラック＆シルバーの仔犬の尾腹側には白い斑があります。断尾の際、尾の消毒を行いますが、白斑の被毛を毛流に沿って整え、最も長くある被毛先端から１mm外側を切除します。尾を90度に保持してハサミを水平に、または背側をわずかに下げて切除します。この時、仔犬をしっかりと保定し、動かないようにすることが必要です。どのような状態の仔犬であれ、尾腹側の白斑はその大きさにほとんど比例していますので、私はこの方法を選択しています。

切除の際にハサミの刃をほんのわずかに回転させることによって、尾断面の背側の皮膚が尾椎を覆い、尾椎の突出を防ぎます。皿状になった断面の円周の被毛をハサミできれいにカットし、被毛が皮膚に巻き込まれないようにしておきます。出血があった場合は止血剤などで圧迫して止血します。私は、平均的な体重で出産された場合は、出産後１～２時間以内に断尾します。この場合、ほとんど出血を見ることがありません。狼爪も同時に切除します。尾には「仙尾骨筋」、側方に「挙筋」、「尾骨筋」、「横突筋」などがありますが、出産後すぐであればこれらの筋肉の発達は見られず、血液の供給も不十分ですので、出血がほとんどないのです。本来、カールド・テイルであるミニチュア・シュナウザーの尾は、断尾によってドッグド・テイルに変化します。しかし、生まれたての仔犬を見てクランク・テイルなどは判断ができますが、リング、ゲイ・テイルのような尾の判断は見極めが困難なので、時々断尾されたミニチュア･シュナウザーにゲイ・テイルやリング・テイルのような湾曲した尾が見られます。断尾されたミニチュア・シュナウザーの尾は、背線上に高く真っ直ぐに保持されなければなりません。

断尾から約10日間を経過しますと、断尾面のかさぶたが自然に落ち、細胞の増殖が活発化して少し丸めの先端をつくります。私は縫合をしません。なぜなら、縫合糸を使用する時、過って仔犬の薄く軟らかい皮膚を引き裂いてしまうことがあるからです。仮に縫合をする場合には、十分に注意して行ってください。一般的には“十字縫合”か“水平マットレス縫合”を行います。

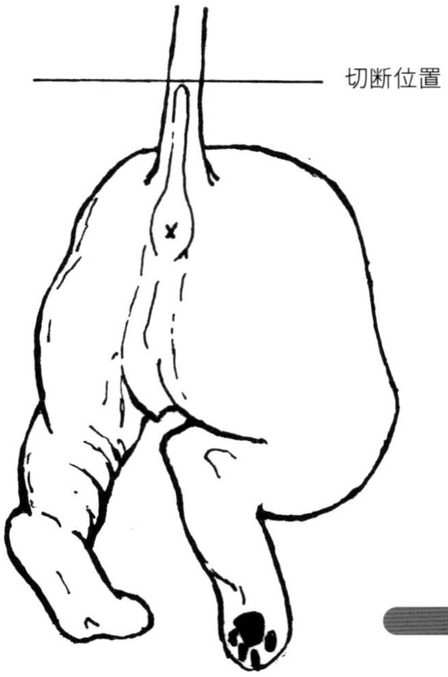

断 尾

○断耳

現在、断尾と共に断耳を施すことには賛否両論があります。耳の一部を切除して垂れ耳を直立耳にすることを“クロッピング”といいますが、イギリスやオーストラリアなどの国々では法律的に禁止しています。

現在では「美観的」に施すというのが一般的でありますので、人間の個人的な考えの基に行われるということになります。断耳の目的には他にも多くの事項がありますが、コンパニオン・ドッグとして考えるなら、現在、それらの目的は排除されていると言っても過言ではないでしょう。唯一その目的に沿っての救いは、ミニチュア・シュナウザーの耳穴の被毛は他の犬種と比較して多く、そのことによって垂れ耳の状態の耳は風通しも悪く、さまざまな耳の疾患を持ちます。その改善のためには、断耳された直立耳の方が疾患の防止には役立ちます。

ここではドッグ・ショーなどに出陳するための美観的断耳として述べます。

犬の耳は聴覚と平衡感覚をつかさどる大切な器官です。「外耳」、「中耳」、「内耳」の３つのパーツから構成されています。内耳は「蝸牛管《かぎゅうかん》」、「前庭《ぜんてい》」、「半規管」に分かれた聴覚と平衡覚をつかさどる器官と「鼓膜《こまく》」からなり、外耳は「外介」と「外耳道」から構成されています。ミニチュア・シュナウザーの断耳は頭蓋の大きさに比例したバランスを持ち、左右は平行で直立しなければなりません。仮に断耳された耳が左右バランスを欠き、前後に倒れるようなことであれば、それは外科的なミスと言わざるを得ません。

一般的に、断耳は生後70日～90日齢でのまだ耳の発育が進んでいる状態で行います。発育が完成されてしまってから断耳を行うと、補整をすることができないからです。頭部の表現を損なわない長さと幅を決定することが重要で、耳の位置も大きさも微妙に異なっています。頭蓋に対して耳介の大きさを見極めて長さを決定します。一般的に頭蓋の大きさに対して耳介は比例します。「耳介尖」を耳の上方付根に折って合わせ、１～２mm上から対輪の外側に米粒ほどの突起がありますので、長鉗子の先端をその突起に合わせます（突起の中央に長鉗子の幅の中央部を合わせる）。

耳介の幅は、突起に対して長鉗子の中央部を左右にスライドすることによって決定します。外側の耳輪の長さは、耳輪の１／２プラス１、２mmの長さということになりますし、計測すると70から90日齢において耳介の大

耳　介

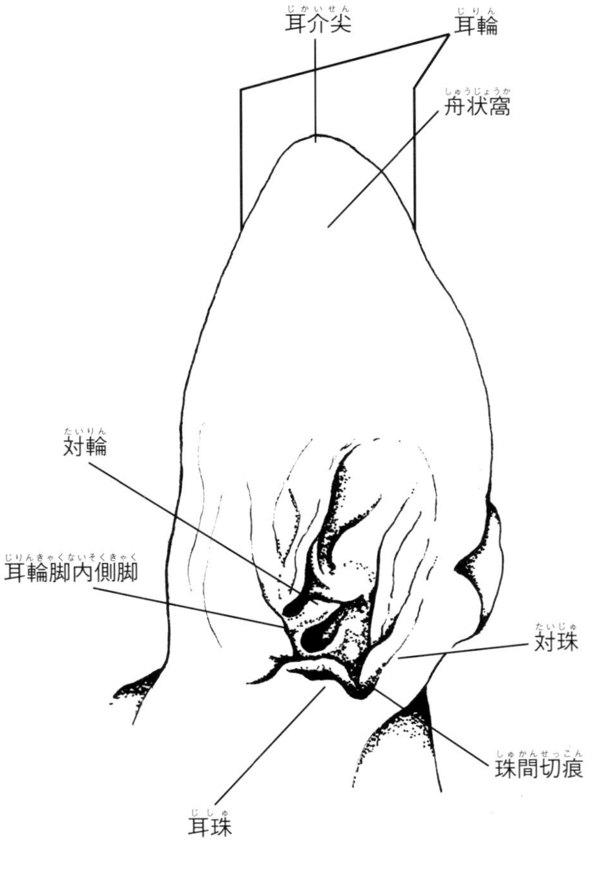

耳介軟骨

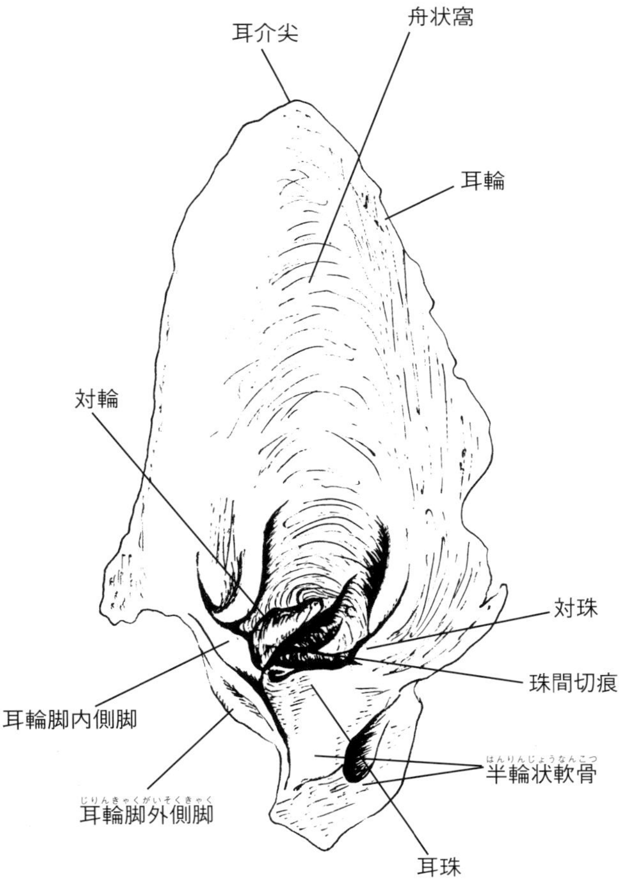

珠間切痕→家畜に必ずある、対珠と耳珠を隔てるもの

きさによって異なりますが、平均して４～4.5cmくらいの長さの範囲内にあります。長鉗子で合わせた部分を切除します。刃の薄い片刃カミソリなどを使用するときれいに切ることができます。続いて、手術用ハサミで「耳珠」、「対珠」、「珠間切痕」を切除し、耳珠より下の皮膚を２cmくらいの長さでＶ字に取ります。この部分の皮膚の弛みを防ぐためです。断耳は何よりも経験を踏み体得する他にありません。

テリア用語

ア行

アーモンド・アイ―――杏核形の目

アイ・リム―――眼縁

アイブラウ―――眉毛

アイラッシュ―――まつ毛

アイリス―――虹彩

アウト・アット・エルボー―――肘の外転。肘がボディより外側に曲がった肢勢

アウト・アット・ショルダー―――肩が前望して両側に突き出た状態

アウトライン―――外貌上の輪郭

アダムス・アップル―――喉仏

アッパー・アーム―――上腕

アッパー・サイ―――大腿部

アップライト・インショルダー―――角度の不十分な肩

アブドーメン―――腹部

アンギュレーション―――骨格が結合する場合のその角度のこと。肩関節、腕関節、膝関節、飛節などに用いられる

アンダー・コート―――下毛。柔らかな綿毛で密生する

アンダーショット―――下の切歯が上の切歯より前へ出すぎて、触れ合わない咬み合わせ

アンダーライン―――下胸部から下腹部へのボディの下側の線

イースト・ウエスト・フット―――指部が外転した前肢で、指先が東と西を向いたような肢勢

一般外貌―――ジェネラル・アピアランス。やや離れた位置から見たその犬種全体の外貌

ウィーディ―――骨量不足で細い骨

ウィートン―――小麦色

ウィザーズ―――キ甲・左右肩甲骨の隆起点

ウィスカー―――頬髭

ウィット・ネック―――頸の弛み

X状姿勢―――（1）両方の前肢の腕関節部が内側に接近し指部が外側に開く不正肢勢。（2）後肢において両方の飛節が内側に曲がった肢勢で、推進力を阻害するための欠点とされる。同意語：カウホック

エルボー―――肘・上腕と前腕部の関節部

エレクト―――耳又は尾を直立させること

O状姿勢―――X状姿勢とは反対に、（1）前肢の腕関節部が外側に開き、指部が接近した肢勢（2）後肢の飛節部が外側に開き、趾部が接近した肢勢。共に不正肢勢

オーバー・コート―――上毛

オーバーショット―――上の切歯が下の切歯より前へ出すぎて触れ合わない咬み合わせ

オーバーハング―――重い額

オーバル―――卵型・楕円形の目

オービット―――眼窩

オクシパット―――後頭部

カ行

カーディング―――余分なコートをコーム、スリッカー、レイクなどで除去すること

カウ・ホック―――後肢の両飛節が牛のように内側に曲がった肢勢で推進力を阻害する

カプリング―――肋骨と寛骨の間の胴の部分

カラー・ブリーディング―――毛色の組み合わせを重視した計画繁殖の方法

キ甲―――頸のすぐ後ろにある肩の間の背の隆起

キャット・フット―――猫足。指趾を堅く握り、アーチを描いた状態の足

キャメル・バック―――ラクダの背のように背線が中高になった背

グース・ランプ―――斜尻

クォータース―――後躯

クラウン―――頭頂部

クラブフット―――湾曲した肢

クランク・テイル―――屈曲尾

グランド・カラー―――主色

グリズル―――青灰色

クリッピング―――クリッパーを使用して毛を刈り取る

作業
クループ———尻部
グルーミング———犬に対する被毛の手入れの全て
グレー———灰色
クレスト———アーチした頸の部分
クロッディ———背が低く、胴が太く重いタイプ
クロッピング———直立耳にするための断耳
毛足———毛の長さ
コート———被毛
コート・コンディション———被毛全体の健康状態
コーミング———毛のもつれをときほぐしたりデス・コートを取り除き、被毛を整える作業。
コビー———短胴で引き締まり、ずんぐりしたタイプ

サ行
サイドヘッド———側頭部
サイ・ボーン———大腿骨
逆剃り———毛流に逆らってクリッピングすること
サドル———鞍部《あんぶ》
シェービング———ドレッサーやレザーで削り取るようにコートを整える作業
ジェネラル・アピアランス———一般外貌
シザーズ・バイト———ハサミのように、上の切歯の内側に下の切歯の外側がわずかに接する
シックル・ホック———横から見て、ホック・ジョイントを中心にくの字に曲がり鎌形に見えるもの（欠点）
斜尻———腹部から下に向かって下行する尻
十字部———腰から尻に移行する部分
ジョー———顎
ショート・バック———短い背
触毛———口吻の両側に、太く長く真っ直ぐに生えた硬い髭
尻高———横から見て、尻の部分が背線より高い位置に見える状態
スイニング———スイニング・シザーで、余分な毛を取り除き、薄くしたり、ぼかしたりする作業
スカル———頭蓋
スクエア・タイプ———方形体。体長と体高の長さが等しい体構
スターナム———胸骨
スタイフル———大腿骨と下腿骨を繋ぐ膝関節部
ステージング———テリアにおけるストリッピング法の順序
ストップ———両目の間にある吻と頭蓋の接続部の窪みで、額段ともいう
ストリッピング———テリアのコートを改良するために行う方法で、ストリッピング・ナイフなどを使用して完全にコートを抜き取る作業
ストレート・ショルダー———肩甲骨が後方に傾斜せず、上腕骨との角度が開き、肩が前方に片寄ったもの。同意語：前寄り肩
ストレート・フロント———あらゆる角度から見て、前肢が地面に向かって真っ直ぐに立ち、両肢が平行している状態（テリア・フロント）
ストレート・ホック———角度が少ない飛節。そのため後肢は真っ直ぐになる
スニッピー・フェイス———吻が尖って弱々しい感じのする顔貌
スニッピー・マズル———幅が狭く、鋭く尖った弱々しい口吻
スプリング・リブズ———丸く張った肋
スプレイ・フット———広がった趾
スプレッド———体幅
スラック・ロイン———緩い腰
スラブ・サイデット———平たい肋骨
スローティネス———咽喉の皮膚の弛み
スロート———咽喉の皮膚の弛み
スローピング・ショルダー———傾斜した肩
セミ・ブリック・イヤー———半直立耳
粗毛———中毛の種類でテリア種に多く、さらっとした粗い上毛で覆われた毛
ソリッド・カラー———一色毛または単色。厳密には濃淡のない単色のこと

タ行

退色———毛の色素が減少していく状態で、ほとんどの場合が全体の色が薄くなっていく傾向

ダウン・イン・パスターン———パスターンが弱く曲がったもの

ダウン・フェイス———頭蓋から鼻先へ傾斜した口吻の顔

タック・アップ———胴の深さが腰部ですこぶる浅くなり、あたかも腹部が巻き上がっているような状態。同意語：巻腹、巻き上がり

ダッドレイ・ノーズ———肉色の鼻

ダブル・コート———二重毛。上毛と下毛を持つ犬種の被毛のこと

ダブル・ノーズ———ノーズ・ブリッジにある溝の深いもの

樽胴———肋骨が丸く張り出した樽形の胴。そのため前肢の運動が著しく阻害される

タン———黄褐色

チーキー———頬張り。頬が発達して丸みを帯びるか、あるいは肉が厚く、また突出したもの

チーク———頬

チェスト———胸部

チョップ———厚く垂れた上唇

ティキング———白地に黒や他の色の毛が小さく孤立した斑をつくるもの

ディッシュ・フェイス———皿顔。ストップ部が鼻先の高さよりも低く窪み、横から見ると鼻が反って鼻梁（鼻筋）が皿状になっているもの

ティンバー———肢骨

ディンプル———前胸の両側の小さな窪み

テイル———尾

テイル・セット———テイルの着いている位置、またはその状態

デス・コート———脱落期に抜け落ちる毛

出目———普通の犬より突出した目。したがって目が大きい

デュラップ———咽喉垂皮《いんこうすいひ》

徒長毛———不要に長く伸びた毛

ドック———断尾

トッピング・オフ———テリアのトリミングの方法で仕上げの時、ボディやバックの上毛に飛び出している毛を指先でつまんで抜くこと

トップライン———オクシパットから尾端までのアウトライン

トライアングル・アイ———三角眼

トライカラー———黒と白とタン色の３色

ドライ・ネック———良く引き締まった頸。

ドライング———ドライヤーを使用して、ブラシまたはコームでムラなく効果的に乾かす作業のこと

トリミング———犬体各部のバランスを取るため、プラッキング、クリッピングまたはカッティングなどの技法で被毛を整える技術

ドロップ・イヤー———垂れ耳

ナ行

ナックル・オーバー———腕関節に対し前方に曲がった前肢

ナロー・フロント———胸中の狭い前躯

ニー———膝

ニーカップ———膝蓋骨

ニー・ジョイント———膝関節

握り———指趾を握っている状態

ネック———頸部

ノーズ・ブリッジ———鼻梁《びりょう》。ストップから鼻先までの口吻部の上面。いわゆる鼻筋のこと

ハ行

バー———耳を寝かせたときに現れる内耳

ハイ・セット・イヤー———高く付いている耳

ハイ・セット・テイル———付根の高い尾

バイト———歯の咬み合わせ。咬合《こうごう》

パイニザー・バイト――――レベル・バイト。イーブン・バイトと同意。切端咬合
パイプ――――口唇
ハインドクオーター――――後躯のこと
ハインド・パスターン――――中足部
バウドレッグス――――弓なりの肢
パスターン――――前肢の手根関節から指部までの中手骨の部分
バック――――背。キ甲のすぐ後ろから第一腰椎までの間
バックライン――――背線。キ甲のすぐ後ろから尾の付け根までの線
パッド――――足の裏の膨らみ
バレル・シェナード――――樽胴
バンピー・スカル――――凸凹な頭蓋
ヒール――――踵
鼻鏡――――鼻の表面
ピボット――――毛渦。つむじのこと。
フィドル・フロント――――肘が外向しパスターンが接近し指が外向するもの。
フィンガー・ストリッピング――――プラッキングの基本的な技法のひとつで、親指と人差し指で被毛を引き抜く作業のこと
フォア・アーム――――前腕
フォア・トース――――前指
フォア・フェイス――――前顔部
フォア・ヘット――――前頭部
ファロー――――額溝
プラッキング――――テリアのトリミング技法のひとつで、指先またはストリッピング・ナイフを使って毛を引き抜く作業
ブラッシング――――犬の被毛にブラシをかけること。被毛の種類や状態によって各種のブラシを使い分ける。毛玉やもつれを解きほぐし、犬の皮膚を刺激し、血行を促して毛並みをそろえ、被毛を清潔にして健康を保つ大切な作業
フラット・スカル――――前と横から見て平坦な頭蓋
フラット・ボーン――――少し楕円形の肢骨
フランク――――腹部
ブリスケット――――前胸部
プリック・イヤー――――直立耳
フリューズ――――垂れた上唇
フル・アイズ――――丸く突き出た眼
ブレード――――肩甲部
ブレンディング――――コートの長さを次第に変えて、不自然に見えぬようにぼかし込んでいくテクニックのこと
ブロッキー――――ずんぐりと四角ばった頭部
フロント――――躯幹の前方部分で前肢、前胸、胸、肩、頸などをいう
ベイジング――――一般的に入浴。被毛を洗い、十分にすすいで汚れを流して、リンスで整える作業
ホイール・バック――――腰部がアーチした背
ポイント・オブ・ショルダー――――肩端《けんたん》
ボーン――――骨
ホック・ジョイント――――飛節
ボッシー――――肩の筋肉が発達し盛り上がった状態
ボディ――――胴体
ホロー・バック――――背線の弛んだもの
ホワイトニング――――白色のブロック・チョークやパウダーを使用してコートをより白くする作業

マ行

巻腹――――同意語：タック・アップ、巻き上がり
マズル――――吻。口吻部。両目またはストップから前方のことで、前顔部ともいう
眼縁――――眼瞼の縁のこと

ラ行

ラムズ・ノーズ――――ストップより鼻端になだらかに隆起しアーチしたマズル
リッピー――――きちんと合わない唇
リップ――――唇
レイキング――――レークやスリッカーなどでデスコートを取り除く作業

レイシー――肢が長く、ほっそりとしたタイプ
レイバック――ストレート・ショルダーとは反対に後方によく傾斜した肩（肩甲骨）のこと
レギー――長い肢
レベル・バイト――上下の切歯の端と端とがペンチのようにきっちり咬み合う
レベル・バック――背線が水平な背
ローチ・バック――背線が腰の方向に高く湾曲している背

ワ行

ワイアー・コート――上毛が硬くバリバリした毛質のもの

小林　敏夫（こばやし・としお）
1949年2月13日埼玉県生まれ。
JKCトリマー教士、JKCハンドラー教士、 JKCトリマー試験委員、JKCハンドラー試験委員。
現在、学校法人「MGL学園 太田動物専門学校」学校長。
1995年、ジャパンケネルクラブ刊『最新ドッググルーミングマニュアル』のミニチュア・シュナウザーを担当。1998年、ジャパンケネルクラブ主催第17回本部トリミング競技大会において理事長賞受賞、ハンドラーとしてジャパンケネルクラブ主催ミニチュア・シュナウザー単独展において４回のBISSを受賞する。また、プロトリマー養成塾「小林塾」を主幹し、若いトリマーたちの指導、養成を行っている。
その他、詩集『絵の中の秘密』(私家版)、『ことば・季節　物語』(英逆の会刊)、『海の部屋』(風書房刊) などの著書がある。

参考文献
『MINIATURE SCHNAUZER』三宅宏幸編
『SCHNAUZER Shorts』DAN KIEDROWSKI著
『美術のためのシートン動物解剖図』アーネスト・トンプソン・シートン著（マール社）
『第二次増訂改版　家畜比較解剖図説』加藤嘉太郎／山内昭二・共著（養賢堂）

ミニチュア・シュナウザーのグルーミング

2005年5月20日　第１刷発行
2007年3月20日　第２刷発行

著　者／小林《こばやし》　敏夫《としお》
発行者／森田《もりた》　猛《たけし》
発　行／ペットライフ社
発　売／株式会社 緑書房《みどりしょぼう》
〒101-0054
東京都千代田区神田錦町３丁目21番地
TEL 03-5281-8200
http://www.mgp.co.jp　　http://www.pet-honpo.com

印刷・製本／三美印刷株式会社

ISBN978-4-938396-83-1　　Printed in Japan
落丁・乱丁本は弊社送料負担にてお取り替えいたします。